国家出版基金项目
NATIONAL PUBLICATION FOUNDATION

王加华　主编

黍粟的故事

何红中　著

泰山出版社·济南·

图书在版编目（CIP）数据

黍粟的故事 / 何红中著；王加华主编. —济南：
泰山出版社，2022.8
ISBN 978-7-5519-0640-1

Ⅰ.①黍… Ⅱ.①何…②王… Ⅲ.①糜子–通俗读
物②小米–通俗读物 Ⅳ.①S516-49②S515-49

中国版本图书馆CIP数据核字（2021）第114995号

SHUSU DE GUSHI
黍粟的故事

策　　划　　胡　威
主　　编　　王加华
著　　者　　何红中
责任编辑　　武良成
装帧设计　　路渊源

出版发行　　泰山出版社
　　　　社　　址　　济南市泺源大街2号　邮编　250014
　　　　电　话　综　合　部（0531）82023579　82022566
　　　　　　　　　　出版业务部（0531）82025510　82020455
　　　　网　　址　　www.tscbs.com
　　　　电子信箱　　tscbs@sohu.com
印　　刷　　山东通达印刷有限公司
成品尺寸　　140 mm×210 mm　32开
印　　张　　5.25
字　　数　　110千字
版　　次　　2022年8月第1版
印　　次　　2022年8月第1次印刷
标准书号　　ISBN 978-7-5519-0640-1
定　　价　　39.00元

人类从产生之日起就离不开食物。在还不具有生产能力的情况下，人只能利用天然的植物、动物或矿物。随着人口的增加，天然食物的不足驱使人迁移扩散，并最终走出非洲，走向世界各地。

在经过无数次的试错后，在一个相对稳定的空间范围内，当地的人类群体找到了若干种最合适的天然食物，主要是某些植物。后来，有人发现第二年在同一块地方会长出同样的植物；也有人发现上一年无意中掉在地下的植物颗粒长出了同样的植株，又结出了同样的颗粒。于是这群人开始有意识地保存这类植物的种子，来年种入地下，栽培成熟后收获更多种子，作为自己的食物，这样就逐渐形成栽培农业。在大致相同的地理环境中，完全可能有不同的天然植物被发现并被栽培。但随着人群间的交流和物资交换，在漫长的优胜劣汰过程中多数较差的品种被淘汰了，余下比较优良的品种为更多

人群所接受，不断扩大播种范围，成为当地，甚至一个国家、一个大陆的主要粮食作物。

考古学家已经在一万多年前的遗址中发现了粮食种子，并且已证实了栽培农业的存在。原始部落或群体中出现阶层和专业分化的前提，就是有了供养这批人的粮食。政权和专职军队更需要有一大批脱离生产的人员，这些人员的存在和扩大同样取决于这个政权能生产出或筹集到充足的粮食。

从这一意义上说，人类的历史离不开粮食，人类与粮食的关系就是历史不可或缺的重要篇章。

相传夏朝建于公元前21世纪，大禹的儿子启由此变禅让为世袭，开创了中国"家天下"的局面。小麦正是4000多年前由西亚两河流域传入黄河中下游地区的，两者在时间上的重合显然绝非偶然。小麦的引种必定使夏人拥有更多优质粮食，供养更多包括军人在内的专职人员，也使掌握小麦征集和分配权的统治者拥有更大更强的权力。与本土原有作物相比，大规模引种和栽培小麦更需要组织管理，需要更多的实施管理人员，由此推动了政权的强化和行政体系的完善。

在古代的战争中，粮食与将士、武器同样重要，甚至比将士、武器更重要。断绝对方的粮食供应，或销毁对方的粮食储备，一直是克敌制胜的上策。大规模屠杀俘虏和平民，往往是战胜一方缺乏粮食的结果。汉高祖刘邦在总结他"所以有天下"的经验时，就充分肯定萧何"给馈饷，不绝粮道"的功绩。

在大规模战乱后，经常出现人口大幅度下降，甚至减少一半以上。但在冷兵器时代，战争直接致死的人数毕竟有限。而战乱造成田地荒芜、粮食减产或绝收、存粮被毁、交通断绝而无法输送、行政解体丧失赈济功能，进而导致多数人口因饥饿或营养不良而缩短寿命、丧失生育能力或死亡。

帝王在建国定都时，粮食供应总是一项重要的甚至是决定性的因素。长安最初作为首都，在抵御外敌、制约内部两方面都具有无可比拟的优势，但由于关中本地的粮食产量有限，保证粮食供应成了关键。当时粮食的主要产地在关东，运往关中最便利的途径是行船黄河和渭河，却都是溯流而上，特别是要通过黄河三门峡天险，异常艰险，代价极大。隋唐后，粮食主要产地逐渐南移至江淮之间和江南地区，而随着人口的增加，长安对粮食的需求量更大，保障粮食供应始终是朝廷的头等大事。每当关中粮食歉收，漕运量无法及时增加时，皇帝就不得不率领百官和百姓到洛阳"就食"（就地获得粮食供应）。唐朝以后，西安再也没有成为首都。五代和宋朝都把首都选在洛阳以东的开封——尽管开封在军事上的不利形势早就显现——开封与江淮间便捷的水运条件从而能保证稳定的粮食供应显然是决定因素。而元、明、清能将首都建在本地缺粮的北京，就是因为京杭大运河能够每年将数百万石粮食从江南运来。

民以食为天，"天子"自然不得不关注"食"的生产和供应。宋真宗（998—1022年在位）时福建引入早熟耐旱的"占城稻"。大中祥符五年（1012年）江淮大旱，朝廷下令从福建装

运三万石"占城稻"种分发。占城稻在江淮引种的成功，逐渐导致东南各省普遍栽种，提高了粮食的总产量，并得以供养北宋末年创纪录的1亿人口。

16世纪起传入中国的美洲粮食作物番薯（红薯）、玉米、土豆（马铃薯、洋芋）、花生，因其在南方和西南丘陵山区广泛的适应性而迅速普及，由此增产的粮食满足了日益增长的人口需求，终于在19世纪50年代达到4.3亿这个史无前例的人口高峰。但由于当时对土地的利用几近极致，连以往从未开垦的陡坡地、边坡地、山尖地、溪谷滩地都已栽种这些作物，原始植被清除殆尽，破坏了生态平衡，造成了严重的水土流失，加剧了水旱灾害。

粮食与人类和人类社会的关系如此密切，而我们对粮食的了解却相当有限。就是对几种最重要的粮食作物，我们往往也只知道它们的现状，或者我们自己的食用方式。泰山出版社有感于此，决定邀请王加华教授主编这套"粮食的故事"丛书，请相关的专家学者给大家讲讲几种主要粮食作物的前世今生。

粮食的前世比它的今生长得多，一般比人类的历史还长。它们在地球上产生，随着自然环境演化，是无数早已灭绝的同类中的幸存者。由于还没有受到人类因素的影响，更无法了解它们的具体故事，只能用古生物学、遗传学、古地理学尽可能复原这一漫长过程。

粮食的今生是在与人类发生关系以后。人们将它们栽培、驯化、移植、改良、杂交、转基因，以适应人们对它们的质和量的需要。由于它们成了人类生活的一部分，也成了人类历史的一部分，得到了人类的研究和记录，它们的故事丰富多彩，生动有趣。

本书就是要讲粮食前世今生的故事，希望读者朋友喜欢。

葛剑雄

2022年1月

目 录 Contents

荒蛮时代：黍粟的起源及传播

黍粟的本土起源

黍和粟在我国又分别被称为糜子、谷子，它们的籽实脱壳以后，就是黄米、小米。在现代人的餐桌上，它们多被看作杂粮，以米粥的方式出现。但倘若追溯历史，可以发现古代诗词乃至各类典籍里，黍和粟却是标准的主食，在历史长河中熠熠生辉。

黍和粟的故乡在中国，考古发现提供了大量线索和证据。近年来，由于浮选法①的运用，中国考古发掘出的史前黍粟遗

---

① 浮选法的原理很简单，由于炭化植物遗骸比一般的土壤颗粒轻，密度略小于水，因此将土壤放入水中便可使植物遗存脱离土壤浮出水面，进而提取之。浮选法在具体实施中需要专门的设备（水波浮选仪或小水桶浮选器）和操作规程（剖面采样法、针对性采样法和网格式采样法），有别于传统的水筛法或漂洗法。

存数量急剧增多，可能有不下两百处。其中，黍遗存有二三十处，最早的距今10000～8700年；粟遗存在黄河流域分布最为密集，距今已有8700～7500年。关键的考古证据之一就是河北武安磁山遗址。从1976年起，考古工作者先后对磁山遗址进行了三个阶段的考古发掘，共发现476个灰坑，其中88个窖穴内有堆积的黍、粟灰层，一般厚度为0.2～2米，其中10个窖穴的粮食堆积厚度达2米以上，数量之多、堆积之厚都是惊人的，这在迄今为止中国发掘的新石器时代文化遗存中极为罕见。

2009年，吕厚远等人用植硅体分析方法对磁山遗址的植物遗存重新进行了年代测定[①]，其结果是既有距今10000～8700年的早期农作物黍的植硅体，也有少量距今8700～7500年的粟的植硅体。这一研究结果是对世界农业起源认识的一次重要修订。可以毫不夸张地说，全世界范围内也只有位于两河流域的叙利亚境内的阿布胡雷拉遗址能与之相媲美。

更让学界感到兴奋的是，根据2012年杨晓燕等人对河北徐水南庄头遗址（距今至少11000年）和北京门头沟东胡林遗址（距今11000～9500年）出土的石器和陶器的表面残留物，以及文化层沉积物中的古代淀粉遗存进行的分析，发现在距今11000年的远古淀粉残留物中已经出现了具有驯化特征的粟类淀粉

---

① 该研究得到了国家自然科学基金、中国科学院和国家科技支撑计划——中华文明探源工程项目的资助，美国路易斯安那州立大学、中国科学院研究生院、中国社会科学院考古研究所、河北省武安市磁山文化博物馆、中国科学院地理科学与资源研究所等专家参加了合作研究。

粒，这说明当时人类已经开始了对黍、粟这两种粮食作物野生祖本的驯化。

上述两项鉴定成果，将黍、粟驯化的时间界定到了距今10000年以上。另外，21世纪初，在内蒙古赤峰敖汉旗境内发掘了兴隆沟遗址，这里出土了约1500粒黍和十余粒粟，其所属年代在距今8000～7500年间。兴隆沟遗址也成为中国北方地区发现最早的栽培作物遗存之一。这样，连同甘肃秦安大地湾遗址、陕西西安半坡遗址、河南许昌丁庄遗址等诸多遗址，可一起证明中国的黍、粟种植在时间上是最早且连续的，在空间分布上又是最为集中和广泛的。

农业虽然起源于没有文字的荒蛮时代，但至今仍流传着一些有关农业起源的神话传说，因寥若晨星更显珍贵。

传说中，后稷是我国农业的开辟者。后稷生长于稷山（今山西稷山一带），善于稼穑，被后世奉祀为农神。根据《史记·周本纪》记述，后稷名曰弃，母亲是有邰氏女，名姜嫄，乃帝喾之妃。传说姜嫄在郊野踩了巨人足迹而怀孕生子，以为不祥，初弃子于隘巷、山林、渠中冰上，后见其不死，复抱回抚育，因此起名为"弃"。弃在儿时，就喜欢种麻、菽；长大成人之后，精于农耕稼穑，"民皆法则之"，因而被帝尧举为农师，后有功于天下。帝舜曰"弃，黎民始饥，汝后稷播时百谷"，封弃于邰，号曰后稷，别姓姬氏。后稷的故事载于史册，在中国已流传了五千多年，名垂千古。今天，全国不少地方都建有后稷雕像，以供后人敬仰和怀念。例如，西北农林科

技大学博览园就矗立着这样一尊后稷雕像：后稷昂首挺立，右手持镰，左手扶穗，正以深邃的眼光俯瞰着这片热土，深情地向来者讲述中华农耕传承的故事。

值得注意的是，这个"后稷"之名是有来历的。最初只有"稷"，古代较早记载"稷"的《左传·昭公二十九年》说明了这一点："稷，田正也。"杜预注："掌播殖也。"孔颖达疏："正，长也。稷是田官之长。"显然，"稷"初为农官中最高位者，其职责是执掌天下播殖。至于为什么"稷"官又加了一个"后"字，《尚书·舜典》疏引《国语》曰："稷为天官，单名为稷，尊而君之，称为后稷。"说明"后稷"是对稷官的一种尊称。

后稷即为执掌天下播殖的官员，在王权之中自然享有崇高地位。能任此官的人必有大功勋、大智慧。《左传·昭公二十九年》："有烈山氏之子曰柱，为稷，自夏以上祀之；周弃亦为稷，自商以来祀之。"意思是说，"柱"做过稷官，在夏代及之前被祭祀；周始祖"弃"亦做过稷官，自商周以来被祭祀。这一点应是历史本来之面目。

虽然"后稷"是上古最高之农官，此间也有不同的人担任此职，但后世逐渐将"后稷"等同于"弃"。《诗经·大雅·生民》曰："厥初生民，时维姜嫄……载生载育，时维后稷。"《毛诗序》："《生民》，尊祖也。后稷生于姜嫄，文武之功起于后稷，故推以配天焉。"显然，这里的"后稷"已等同于周之始祖"弃"了。那为什么会出现这种现象呢？

　　这与商汤代夏事件有关。杜预注《左传》云："弃，周之始祖，能播百谷。汤既胜夏，废柱而以弃代之。"因商汤灭了夏桀，也就废除了夏以"柱"为稷官或稷神的祭祀，代之以"弃"为稷官或稷神来祭祀。《礼记》也说："夫圣王之制礼也，法施于民则祀之，以死勤事则祀之，以劳定国则祀之，能御大菑则祀之，能捍大患则祀之。是故厉山氏之有天下也，其子曰农，能殖百谷。夏之衰也，周弃继之，故祀以为稷。"周灭商后，就更加推崇其祖先"弃"为法定稷官或稷神，并大肆宣扬其功劳，后来人们也就逐渐把后稷等同于"弃"了。《诗经》中的《生民》就是这样一首咏颂后稷（弃）的祀歌。

　　其实，这个道理很简单。"弃"是周族的祖先，在商时就已经取代"柱（或农）"的祭祀地位，当其后代建立强大的周王朝后，自然就会被更加尊崇并祭祀了，其后代不会舍近求远地选择"柱（或农）"。况且，也正是后稷（弃）带领周族发展农业，促使本族人口兴旺发达，积累了雄厚的物质基础，才能够使周族联合其他诸侯灭商并建立周王朝。这确实不能不归功于后稷（弃）。无论"后稷"最初是指最高农官，还是后来被等同于周始祖"弃"，都说明其在上古社会地位极其崇高。

　　历史上还有另一种说法，即稷乃五谷之长①。这要源于稷在上古时期粮食作物中的地位。《孝经纬》曰："稷，五谷之长

---

　　① 稷究竟为哪一种粮食作物，曾在历史上引起过巨大争议，一种观点认为是粟，另一种观点认为是穄（黍），甚至还有高粱之说。从目前的学术研究成果来看，稷为粟的证据较为充分。

也，谷众不可偏祭，故立稷神以祭之。"《白虎通义·社稷》也说："五谷众多，不可一一祭也。……稷，五谷之长，故封稷而祭之也。"可见，"稷"作为崇拜对象最初是一种农作物的神灵。

因此，"稷神"便具有了双重身份。那么，怎样解释这种现象呢？笔者认为，一个民族的早期文化，往往伴随着各种神话传说和崇拜。就农业而言，古埃及有作为植物、农业和丰饶之神奥西里斯；古希腊有司掌农业、谷物和丰收的女神德墨忒尔；古代印第安人也有谷物守护女神西朗热，甚至还有好几位玉米神，如辛特奥特尔、科麦科阿特等；中国则有神农和稷神。究其原因，无外乎是当人类迈入农业社会以后，其赖以生存的最主要的食物就是粮食作物，所以各族先民自然视其为生命，甚至将其神化而加以祭祀崇拜。

因为稷是中国上古农业最重要的作物，所以领导和管理农业的人亦以"稷"为称，"稷"遂逐渐由谷神转化为农神。如此说来，当是先有稷神后有后稷，然后后稷再被神化。当然，在历史的长河中，这些说法常常并行出现，但这并不影响人们对稷神的崇拜，盖因他们系出同源——农业社会中最重要的粮食作物稷粟。

要之，在中国的历史传说中，后稷被视为农业的始祖或者农神，地位显赫，还兼具人性与神性、人格与神格的特征，流芳百世。后稷的形象固然经历过漫长而多重的发展演化，不过这似乎并不影响人们对他们的尊崇。当然，这里最重要的是与本书的主角——黍和粟存在着最为紧密的关系，因为在传说中，是后稷发明了这两种最古老的粮食作物乃至五谷、百谷，开历史之先河。

"蒸煮"革命与"面条"的诞生

今天，当人们享受着米粥、包子、馒头、面条、饺子、汤圆、米线等各种美食的时候，可能会觉得这是一件极其平常的事情，而很少有人能够体味到这是一种独特的"蒸煮"文化。而且这种文化与以黍粟为代表的谷物直接相关，是我们先辈们的一项伟大创造，源远流长、历久常新，为多彩的人类文明做出了重要贡献。

中国人讲究"民以食为天"，自"以启山林"，就开始了对饮食文化的探索。饮食文化中的第一次革命——人工用火，使得先民告别了茹毛饮血的生食时代；而第二次革命——陶器的发明，同样使先民的生活方式发生巨大变革；继而一种叫作"煮"（今天称之为"烹"）的饮食方法被创造出来，使粮食逐渐取代肉类成为主食。

作为第一次饮食革命的产物，烤炙可能是最早的谷物熟食方式。一般来说，谷物和蔬菜等不宜像肉一样直接拿来在火上烧烤，而是需要用适当的中介物来隔火，以便使食物受热均匀。《太平御览》引《古史考》曰"及神农时，民食谷，释米加于烧石之上而食"，即将谷物捣碎或磨碎后放在石板上烤

熟，这就是所谓的石炙法。

显然，用石炙法来烹制谷米并不方便，但随着社会生产力的进步，先民在至少一万年前便发明了陶器，这在河北徐水南庄头、北京门头沟东胡林、湖南道县玉蟾岩、江西万年仙人洞和吊桶环、广西桂林甑皮岩、浙江浦江上山等遗址中都有发现。陶器的发明，对原始食料的开拓、利用具有重大意义，尤其是在谷物最终成为主食这一点上几乎起了决定性作用。因为石炙法每次只能加工少量的谷物，但"煮"却能一次性烹制出大量的粥、糜，而且使谷物营养容易得到保存，味美又便于消化吸收。

煮，《说文解字·鬻部》曰："鬻，孚也。从鬲，者声。煮，鬻或从火。鬻，鬻或从水在其中。"意思是说依靠火为基本能源，然后以水为介质来烹熟食物。用以煮食物的陶器有鼎、釜、鬲等各种类型。后来，人们又发明了甑之类的陶器，其底部有一个或多个穿孔，顶部覆有陶盖，置于鬲、釜等炊器上，用来蒸熟食物。甑首见于距今六七千年的仰韶文化、河姆渡文化遗址，在龙山文化时期也很普遍。甑与鬲还可以组合成甗[①]，更加方便制作美食，让后世的人们受益无穷。

黍粟颗粒非常细小，我们的祖先最早食用黍粟的方式为"粒食"。《诗经·大雅·生民》说"或舂或揄，或簸或蹂，

---

① 甗分上、下两个部分，上部分是用以盛放食物的甑，下部分是用以煮水的鬲。有的连体，有的分开。

释之叟叟，烝之浮浮"，其中"烝"（蒸）便是在"粒食"方式下的一种先进的烹制方式。我们的先民还发明了蒸饭的甑、甗。就是这种在中国祖祖辈辈相袭、人人都会用的烹饪蒸法，直到近代才被西方的人们用于生活之中。

《太平御览》引《周书》曰："黄帝始蒸谷为饭。""黄帝始烹谷为粥。"蒸煮之法，实乃中华饮食文化特色与固有传统。实际上，我们的祖先后来不仅蒸饭，也蒸鱼和肉。在煮谷米粥的时候，有时也加入一些菜、肉等，以提高口感、增加营养。蒸煮之法在方便制作、利于消化吸收、改善饮食卫生、提高健康水平的同时，还大大拓展了人类的食谱，促进了人口的繁衍生息。可以说，真正地推动了一场农业经济社会的变革，对人类社会影响至深。

蒸煮革命源于粒食，依托陶器，反过来又促进了炊具的发展。那个时代是完全属于黍粟的天下，黍粟牢牢占据着史前主粮的位置。史学界称中国古文化为"鼎鬲文化"，显示出蒸煮的重要性，其背后离不开黍粟的"支持"。时至今日，蒸煮食品更是丰富多样、数不胜数，又以其在安全、营养等方面的优越性展现出惊人的魅力，大放异彩，受到当下人的热捧。"蒸煮"饮食文化可谓"长盛不衰"！

实际上，这种与黍粟紧密相关的蒸煮文化的张力是巨大的。以外来小麦为例①，其在欧亚大陆西部的食用方式以磨烤、

---

① 小麦起源于"新月沃土"西部地带，然后传播到欧洲、非洲和亚洲，大约在距今5000年时传入中国新疆地区。

粉食为主，但进入东亚的很长一段时间内却变成了以蒸煮、粒食为主，与今日的食用方法不同。正如有的西方学者所言，小麦在抵达东亚以后，曾一度保持着裸粒烹饪的形式，东方这种对谷物裸粒的明显偏好反映了一种强烈的"接受文化"选择。粉食在中国普及和流行之后，小麦又被加工成面条、面饼、馒头、包子之类，走出了一条独一无二的中国特色面食做法与文化之路。

谈起面条，绝对是饮食文化史上的另一朵奇葩，各种面条不仅是全球性的大众食品，而且在很多国家被赋予不同的文化内涵。但面条究竟起源于什么地方，却一直是个有争议的话题，中国、意大利和阿拉伯国家等都曾被认作面条的故乡。面条的起源问题可能还需要继续探讨，但中国面条以其千计的地方种类、独特的制作工艺、丰富的文化意涵独步天下，是不争的事实，而且中国还是世界上最早有确切文献记载面条的国家。东汉刘熙《释名》言"饼，并也，溲面使合并也。……蒸饼、汤饼、蝎饼、髓饼、金饼、索饼之属，皆随形而名之也"，这里的各种"饼"便是对中国面条最初的称呼，距今已有2000多年的历史。

不仅如此，这里想要说的是，中国是至今人类现存最早面条的发现地，而且其原料就是黍和粟。或可想象，4000多年前的某天，一场突如其来的地震摧毁了中国西北部的一个村庄，紧随其后的洪水又将村庄完全淹没；4000多年以后，准确说是在2002年10月，考古学家在青海民和喇家遗址齐家文化层中，发现了一个倒扣的碗，碗中装有长约50厘米、宽0.3～0.4厘米的浅黄色面条，这使面条出现的时间大大提前了约2000年。另外，在我国新疆鄯善的苏贝西墓地遗址中，还发现了2400年前由黍米制作的完整面条。这是关于面条不可多得的年代较早的考古发现，也是面条起源于中国的又一例证。

今天，当人们提及面条时，一般自然地联想到制作原料就是小麦，而不会是黍和粟，这基本成为一种固化的思维。实际上，无论是在古代，还是在现代生活中，黍、粟都可以经捶砸、热烫做成面条，而且是在没有添加任何增黏剂的条件下；况且，有些黍、粟品种本身就是有黏性的。目前，在河北、河南、山西、陕西、内蒙古等省（自治区）的有些地方，仍在制作这样的面条。比如说河南浚县的吴庄饸饹，是当地特色小吃，并被列入第四批鹤壁市非物质文化遗产名录，声名远播，其原料就是小米。

在漫漫的历史征途中，一颗颗小小的黍、粟将蒸煮革命和面条诞生这两件看似十分遥远的事紧密联系在一起，并且还将来自遥远西亚的小麦融入东方的饮食文化，共同绘就了一幅多彩多姿的美丽画卷，成为人类饮食文化史上开放性、包容性、跨越性和本土性兼具的经典范例，惠及中国，影响世界。

"杜康作秫酒"典故与历史流传

中国是世界上最早酿酒的国家之一，中国古代酒文化灿烂辉煌，源远流长。根据最新的考古发现，在河南舞阳贾湖遗址发现了距今约9000年的酒类饮料沉淀物。这种沉淀物有点类似

江南地区民间制作的江米甜酒。这改写了中国和世界古酒起源的纪录，将世界酿酒史向前推进了1000多年。

有关酒的文字历史，古代文献记载不少。从商周时期来看，最初酒之取名，盖以盛器"酉"为借代。殷商甲骨文里已经有了酒的象形字，两周金文多作"酉"字，像一个盛酒的罐子，里面尚有酒的波纹。《说文解字》说："酉，就也。八月黍成，可为酎酒。""酒，就也，所以就人性之善恶。""酉"与"酒"音义相通，盖"酒"为水类液体，故再加"水"旁成为后来的"酒"字。

关于酒的起源问题，《黄帝内经·素问·汤液醪醴论》中有黄帝与岐伯讨论用黍、稷、稻、麦、菽五谷造酒的记载。至于酒的发明者，古代流传着不同的版本。有"山猿造酒"的传说[①]。此传说至今在河南伏牛山区还有流传，且有考古学根据。江苏淮阴洪泽湖畔下草湾也曾发现五万年前的醉猿化石。关于酒的起源，还有"仪狄造酒"和"杜康造酒"的传说。晋代江统《酒诰》曰"酒之所兴，肇自上皇，或云仪狄，一曰杜康，有饭不尽，委余空桑，郁积成味，久蓄气芳"，意思是将未吃完的饭，放置在桑园的树洞里，经发酵后，有芳香的气味传

---

① 明代文人李日华的《蓬拢夜话》《紫桃轩杂缀》都提到过猿猴造酒的故事。《蓬拢夜话》写道："黄山多猿猱，春夏采杂花果于石洼中，醖酿成酒，香气溢发，闻数百步。"清代文人李调元在《粤东笔记》、陆祚蕃在《粤西偶记》则都记叙过两广猿猴造酒的故事。《粤西偶记》写道："平乐等府深山中，猿猴极多，善采百花酿酒。樵子入山得其巢穴者，其酒多至数石，饮之香美异常，名曰猿酒。"

出。一般认为，仪狄创造了浊酒或原酒，杜康则创造了秫酒。

"杜康作秫酒"，源自先秦著作《世本·作篇》（刘向整理）："杜康作酒"，"少康作秫酒"。《说文解字·巾部》"帚"条云"古者少康初作箕、帚、秫酒"，又云"少康，杜康也"，段玉裁注曰"古者仪狄作酒醪，少康作秫酒"。少康，夏朝六世中兴主，姒姓，其母有仍氏居今山东，其父相为寒浞所杀，生于外家，曾为有仍氏牧正、有虞氏庖正，后和夏遗臣靡发动同姓灭寒浞复国。

在酒的发明故事中，尤以"杜康作秫酒"说流传最广。这不得不归功于曹操，他的一首《短歌行》"慨当以慷，忧思难忘，何以解忧，唯有杜康"，实在是名扬天下，深入人心。之后，更有张华《博物志》云"杜康作酒"，顾野王《玉篇》言"酒，杜康所作"，苏轼《和陶〈止酒〉》曰"从今东坡室，不立杜康祀"，朱肱《北山酒经》说"仪狄作酒醪，杜康作秫酒"等，不断强化了这一传说。

"杜康作秫酒"为我们开启了一幅色彩绚烂的酒文化长卷，遗泽后世。根据明代冯时化所著《酒史》载，杜康死后，人们尊杜康为酒神、酒祖，立庙祭祀。至今尚有河南汝阳杜康仙庄（包括酒祖殿、杜康祠、杜康墓园、空桑酒树、杜康泉等）、河南长垣杜康墓、陕西白水杜康墓和杜康庙等各种纪念场所，这足见人们对杜康在酿酒业中所做贡献的极度推崇。

不仅如此，"杜康作秫酒"还道出了酒和秫之间的关系。那么，究竟何为"秫酒"呢？目前有不少文献，称之为用高粱酿成的酒,这完全是一种误解。实际上,秫是粟的一种类型——黏粟。秫最早出现于《神农书》:"秫生于杨,出于农石之山谷中。七十日秀,六十日熟。凡一百三十日成,忌于午。"《管子·地员》也有记述:"黄唐,无宜也,唯宜黍秫也。"秫,《尔雅》名"众",与粢并列,孙炎注谓"秫"为黏粟。《说文解字·禾部》云:"秫,稷之黏者。从禾;术,象形。"另外,从西汉《氾胜之书》到清代《植物名实图考》,也都肯定秫就是黏粟,正如《本草纲目·谷部》释"秫"所说:"秫字篆文,象其禾体柔弱之形,俗呼糯粟是矣。"

既然秫酒的原料是一种黏粟,故而不少人相信,酒的起源当与农业存在直接的联系。西汉《淮南子·说林训》就说"清醠之美,始于耒耜",认为制酒与农业(耒耜是早期耕作主要工具)同时产生。但是从目前的考古发现来看,可能农业并非酿酒起源的必然条件,尤其是河南舞阳贾湖遗址陶器内壁所含物质的检测分析结果,为古酒的起源提供了实物依据,而遗址中所发现的相关农作物和采集渔猎遗存的情况反映出当时的农业很不发达。不过,这并不妨碍早期制酒和农业之间的特殊关系,至少可以肯定地说,农业产出的粮食是酿酒业得以扩大规模和继续发展的最重要的物质基础。

黍粟的时空旅程和文化印迹

黍粟被驯化以后,从华北地区很快向外传播,向西传到新疆地区，向东北传到吉、辽地区，向西南经长江上游地区"藏彝走廊"传到西藏和云南地区，向东南传到东南沿海和台湾地区。关于外传路线，植物学家德堪多认为，黍粟在史前时期由亚欧大陆的大草原，经阿拉伯、小亚细亚传入东欧、中欧等地区；苏联时期的瓦维洛夫也持同样观点，认为黍粟的多样性中心在东亚，并推断自中亚西至欧洲的黍粟都是从东亚西传过去的。

黍粟的西传大概有两条基本路线：一条是通过横断河谷由我国西北地区向我国西南地区传播，经过南亚山麓走廊，到达南亚及西亚各地；另一条则是通过中亚草原扩散到西亚。对于后者而言，黍粟又分为两个渠道继续向西传播：一个渠道是沿地中海北岸，从希腊到克罗地亚的达尔马提亚、意大利、法国南部的普罗旺斯、西班牙一线，以印纹陶文化为代表；另一个渠道是沿多瑙河流域，从东南欧、穿过中欧，直到荷兰、比利时等低地国家地区，以线纹陶文化为代表。

关于黍粟的南向传播，可能也有两条通道：一条是从我国西北地区到西南地区，进而延伸至东南亚地区；另一条是从我国东南沿海到台湾海峡，延伸至附近岛屿及东南亚地区。黍粟向东经山东半岛和辽东半岛而到达朝鲜半岛和日本。

黍粟起源于中国的北方，并成为中华民族繁衍生息、创造文明的重要物质基础，继而翻山越岭、跨江渡海，伴随着人类的迁移传播到世界各地。在这样的漫漫征途中，不知多少往事如过眼云烟，消散于历史的长河中。但所谓"雁过留痕"，黍粟必然对当地的生产生活方式和文化产生影响，于无声处留下蛛丝马迹，或是考古遗存，或是语言词汇，或是饮食习俗。它们承载岁月的过往，给后人留下了诸多想象和思考的空间。

　　新疆是黍粟向中亚、南亚传播道路上的一个重要驿站。今天，我们通过考古挖掘，已经发现了不少属于史前时期[①]黍和粟的炭化谷物或其他类型遗存（表1-1），而且这些遗存往往与各类陶器、石磨盘、石磨棒、石锄、石臼、石斧等器物相伴出土，显示这一时期，新疆地区的黍粟农业已经得到了初步的发展。

表1-1　新疆发现的史前时期部分黍粟遗存

遗址名称	遗存情况	大约年代	资料来源
温泉县阿敦乔鲁遗址	发现黍、粟与大、小麦共计几百粒，分布于房址内表层和地层、羊粪化植硅体中	距今3763～3395年	《第四纪研究》2019年第1期
尼勒克县吉仁台沟口遗址	发现不少炭化黍和少量的大、小麦颗粒	距今3620～3020年	《西域研究》2019年第2期
吉木萨尔县乱杂岗子遗址	在第4层至第10层土样中，几乎每一层都存在炭化谷物的种子，包括小米	距今3132～3119年	《边疆考古研究》2013年第1期

---

　　① 新疆历史分期的界定，有学者以明确的史书记载、出土古文字材料作为史前和历史时期的界限标准，认定公元前2世纪为新疆史前时期的结束时间。这一观点得到了考古学界的广泛认同，并将公元前2世纪至远古时期的考古统称为新疆地区的"史前考古"。

（续表）

遗址名称	遗存情况	大约年代	资料来源
鄯善县洋海古墓群	发现黍有半罐之多，且保存完整，青稞和普通小麦与其零星地混杂在一起	距今2840～2800年	《古地理学报》2007年第5期
鄯善县苏贝希遗址及墓地	发现由小米及由黍米制成的面食和点心	距今2520～2320年	*Archaeological Science*, 38（2），2011
和静县察吾呼沟古墓群	发现满陶罐的谷物，经淀粉粒化验，鉴定为小米和大麦、小麦的混合	距今3010～2645年	《新疆察吾呼大型氏族墓地发掘报告》，东方出版社，1999年
罗布泊孔雀河下游小河墓地	黍粒遗存分布于M11、M13、M24、M33和M34墓主人尸体的腹部及身下等处	距今3670～3470年	《文物》2007年第10期
哈密市五堡墓群	在墓葬中发现有谷秆和小米饼	距今3600～2800年	《农业考古》1983年第1期
哈密市艾斯克霞尔墓地	6件不规则长条形带有粟壳的面饼	距今3000年	《考古》2002年第6期
于田克里雅河北方墓地	以黍颖果为主要原料、加工制作而成的黍、麦点心面食	距今3500年	《东方考古》2014年第11集
且末县扎洪鲁克古墓葬	在89QZM2：4出土遗物中发现一白色羊毛小口袋，红毛线扎口，内装6只小圆饼，为粟米粉加工烤制而成；另一袋内装7只，形如圆柱条	距今3000年	《新疆文物》1992年第2期

以尼勒克县吉仁台沟口遗址为例，从发现的植物遗存中氮同位素数值来看，当地居民的饮食为C_3作物和C_4作物的混合饮食[①]。其中，属于C_4作物的黍有2000余粒，数量之大，实属罕见。让我们再来看看列表中另外一个例子，在且末县扎洪鲁克古墓葬遗址89QZM2：4中出土的粟米饼，色黄褐，径约6厘米，厚约2.5厘米。由此可见，当时的粟米加工技术已非常发达，超出常人的想象。

当然，在新疆史前考古遗址中，人们发现的作物遗存不止黍和粟，还少不了大麦、小麦和青稞等，这也显示出多种农业文化在这里的相互交融。但比较来看，黍粟农业显然表现得更为抢眼。根据各类与作物遗存相关的考古发掘报告与研究分析，在史前时期新疆地区的经济结构中，黍总体上要比来自西亚的小麦更具影响力。黍在新疆的种植时间当不会晚于小麦，时间应在公元前6000年至公元前5000年。

需要指出的是，这些农作物遗存往往伴随着大量以驯养为主的羊、牛、马等动物的骨骼。结合遗址所处地区的房屋、墓葬和岩画等要素来看，这些聚落遗址或多或少都呈现出游牧文化的色彩。总的来看，游牧业在史前新疆地区的经济形态中占据主导地位。当时的人们以游牧为生，过着逐水草而居或以游牧为主兼带种植的半定居式生活，日常饮食以肉类为主，以谷

———————

① C_3作物也叫三碳作物，如小麦、水稻、大豆、棉花等；C_4作物也叫四碳作物，如粟、黍、玉米、甘蔗、高粱等。

物食品为补充。只有在极小区域的人们才主要从事农业，兼营狩猎和畜牧业。以黍粟为代表的农业经济还居于次要地位。

尽管如此，对黍粟在史前新疆传播的考察仍有重要意义，因为这背后还有更广泛意义上来自东方文化拓展的影响。根据体质人类学的观测研究，在青铜时代早期的塔里木盆地东缘的小河墓地，已经出现了东西方文化共存的现象；在新疆东部以哈密为中心的焉不拉克文化、新疆东部天山南北包括吐鲁番一带的苏贝希文化、以和静县北天山南麓和以焉者绿洲为中心的察吾乎文化中，都有东方蒙古人的形态特征。在早于焉不拉克文化的哈密林雅墓地出土的彩陶，则与河西走廊的四坝文化有更多的一致性。虽然蒙古人向西迁移比较零散，不如西方人种向东迁移那样活跃，但是来自东方文化的渗入，必然对新疆地区早期文明的发展产生深远影响。如此，农作物的传播必然伴随着文化因素的传递或人类的迁徙。本土起源的黍粟在新疆的传播应当引起足够重视，以此为视角展开对中华文明在中亚乃至欧亚草原影响的研究亦有重要学术价值。

黍粟在东南亚地区的传播过程又是一道靓丽风景。东南亚出土的粟作遗址多集中在泰国农帕外、尼肯翰等地，年代在公元前2000年至公元前1500年。根据目前的考古发现，黍粟的传播路径可能由西北折到西南或从东南沿海经台湾海峡延伸至东南亚地区。对于前者而言，在民族学上属于费孝通先生提出的

"藏彝走廊"①历史范畴，由川滇地区的民众通过陆路经缅甸、泰国和马来亚半岛而传入南洋群岛。此说法的研究证据较为充分，不仅通过文献发现南洋群岛如印度尼西亚、菲律宾等地的山区在种植水稻之前已种植芋和粟类的记载，而且还发现重要的粟作遗存以及岩葬、船棺葬、石棺葬、大石遗迹、青铜器和手工制品等相似文化遗迹。对于后者而言，具体的路线则显得更为复杂，但在传播的方式上，主流观点认为是由族群迁徙导致的文化扩散，大概是百越一支的高山族，或者说南岛语族（在中国台湾）、南亚语族等古代族群，使粟作农业传播至东南亚。

黍粟向这一地区的传播，还可以通过农业神话的分布找出许多印证来，著名农史学家游修龄先生对此做过专门的调查研究。从我国西藏、四川、广西、台湾，到日本，都流传着一些除水稻以外的粟、稗子等谷物神话。传说中，日本的这些谷物种子是人们从天上或某个遥远的地方偷来的，通常藏在男人或女人的生殖器里被带过来（寺泽薰《弥生时代之植物质食料》），这既反映了生殖器官和种子繁殖的联系，又隐约地暗示着黍、粟、稗子等作物是从中国西南地区向海外传播的。

不仅如此，他还发现虽然山芋、木薯、甘薯等根茎类作

① "藏彝走廊"是由费孝通先生在1980年前后提出的一个历史–民族区域概念，主要指今川、滇、藏三省区毗邻地区由一系列南北走向的山系、河流所构成的高山峡谷区域。

物在这些地区更为原始，但非常多的传说和事实都表明粟类作物的出现要早于水稻，在当地原始农业块茎类文化和稻文化之间，显然有一个介乎二者中间的粟类文化。例如，在对我国台湾地区民众进行的调查中，大多数人认为粟是属于青芋之后的最古老作物，黍、粟、稗子要早于陆稻。马来西亚山区的民族还流传着一个"粟王"和"稻王"的故事，说粟王在一场战斗中败给了稻王，从此水稻取代了粟。尽管马来半岛的居民很早以前就以稻米为主食，但山区的各民族都有种粟、食粟的习惯，甚至一些民族因以粟为主食，被称为"粟人"（Orang Sckoi），orang是"人"，sckoi是粟，其音和"谷"相似。

总之，黍粟作为中国原始农业最重要的作物，起源于中国北方地区，而后在距今5000～4000年时扩散到东南亚地区并成为稻作农业出现以前的主要作物，对当地的生产方式产生了重要影响。

商周之际：黍粟文明初步创立

商周之际，中华文明冉冉升空，成熟俊美的甲骨卜辞、灿烂夺目的青铜器具、壮丽雄伟的王畿城池、厚重璀璨的哲学思想，无不彰显着独具一格的东方特色，可谓流光溢彩。回望历史，意味悠远，"其源可以滥觞"，这些辉煌的文化背后定然离不开强大的农业根本和经济基础，而这正是黍粟文明开创之意义所在。无论是从制造器具、辟田耕锄到加工收藏，还是从税赋积贮、祭祀社稷到义利家国，围绕黍粟所形成的一套制度、组织和文化形态，在中华文明体系的早期构建中留下了深深的烙印。

"黍稷"之辩与"五谷之首"

在古代，"黍稷"常常连称，其源头在商周时期。以中国最早的诗歌总集《诗经》的记载最具代表性，如《小雅·莆田》说"黍稷薿薿，攸介攸止，烝我髦士"，《王风·黍离》

云"彼黍离离，彼稷之苗"，体现了黍稷的重要文化意蕴。弄清楚"黍""稷"的确切含义，是理解那个时代农业文明发展的一把钥匙。在"黍稷"之中，"黍"的含义相对比较明确，历史上并无太大的争议。但"稷"究竟为何物，却曾是千余年悬而未决的问题，有人认为是粟，而有人认为是穄（黍的一种），众说纷纭。争辩的双方，有的是经学大师、训诂名家，有的是医药学家、农学家和植物学家。①这些观点各有渊源，又各自流传，各有影响。

认为稷是粟的说法，早见于秦汉之际的字书《尔雅》："粢，稷。众，秫。"《左传·桓公二年》疏引西汉犍为舍人注："粢，一名稷。稷，粟也。"东晋郭璞亦注："今江东人呼粟为粢。"其后，《汉书》东汉服虔注、《尔雅》三国魏人孙炎注、《国语》吴人韦昭注，皆认为稷为粟或粟之别种粱。又北魏贾思勰《齐民要术》将"种谷第三"和"黍稷第四"并列，并明确指出："谷，稷也，名粟。谷者，五谷之总名，非指谓粟也。然今人专以稷为谷，望俗名之耳。"北宋时期，邢昺《尔雅疏》沿袭其说："然则粢也，稷也，粟也，正是一物。"元代《农桑辑要》、鲁明善《农桑衣食撮要》皆转引《齐民要术》，以稷为粟。以至明代，徐光启《农政全书》仍以稷为粟："穄则黍之别种也。今人以音近，误称为稷。古所

---

① 其中又有以稷为高粱之说法，使本已复杂的问题更加纠缠不清。不过，稷即高粱的说法，早已为学界所摒弃，论据非常充分，这里不再赘述。

谓稷，通称为谷，或称粟。"清人陆陇其、崔述、邵晋涵、沈维钟等仍从其说。

认为稷即穄（亦为穈，不黏的黍）的说法，始于南朝梁人陶弘景《名医别录》："稷米亦不识，书记多云黍与稷相似。"他还以黍、稷、稻、粱、禾、麻、菽、麦为"八谷"，"八谷"中有稷又有禾，所以判定稷不是粟。又唐人苏敬等《新修本草》（又名《唐本草》）曰："《本草》有稷，不载穄，稷即穄也。今楚人谓之稷，关中谓之穈，呼其米为黄米，与黍为籼秫，故其苗与黍同类。"至两宋之际，又有稷即穄说，如北宋沈括《梦溪笔谈》："稷乃今之穄也，齐晋之人谓即、积皆曰祭，乃其土音，无他义也。"蔡卞《毛诗名物解》曰："稷，祭也，所以祭，故谓之穄。"后南宋罗愿《尔雅翼》亦曰："稷，又名穄，或为粢……然则稷也、粢也、穄也，特语音有轻重耳。"稷、穄读音相近，为稷即穄论提供了"稷穄同音通假"的新证。到了明代李时珍的《本草纲目》，十分肯定地说稷即黍，"稷与黍，一类二种也；黏者为黍，不黏者为稷"，并指出，"稷黍之苗，虽颇似粟，而结子不同；粟穗丛聚攒簇，稷黍之粒疏散成枝"。清人汪灏、吴其濬等皆从其说。

如同历史上的分歧一样，关于稷的黍、粟之争，近世犹在。学者之中，高润生、齐思和、邹树文、段熙仲、万国鼎、昝维廉、游修龄、李根蟠等皆以稷为粟，而丁惟汾、刘毓瑔、胡锡文、王毓瑚等则仍坚持稷是黍。但自20世纪20年代以后，随着学界的深入研究以及一些新材料、新方法的运用，稷即粟的观点渐成主流。主张稷是粟的学派，除了引用文献考证外，还从考古发现、植株形态、作物驯化等角度进行探研，并对稷即黍的论据逐一反驳，其论证视角更加多面，论据材料更为充分，学术观点值得肯定。

掌握"黍""稷"所代表的具体对象，不仅关乎黍、粟本身，还关乎当时主要粮食作物的结构地位，与五谷问题紧密相连。五谷这一名词最早见于《论语·微子》，说孔子带着学生们远行，子路掉队在后面，遇见一位手持耘田农具的老农，于是问老农："你看见夫子了吗？"老农并没有直接回答，而是质问子路："四体不勤，五谷不分，孰为夫子？"随后便不理子路径自去除草了。实际上，五谷是先秦文献中比较常见的词汇，例如，《周礼·天官·疾医》云"以五味、五谷、五药养其病"，《管子·轻重己》曰"宜获而不获，风雨将作，五谷以削，士民零落"，《孟子·滕文公上》言"后稷教民稼穑，树艺五谷，五谷熟而民人育"等。

中国古代是农业社会，以能否识别五谷作为一种评判人是否有生活实践经验的重要标准。那么，今天的人们还能分得清五谷吗？五谷这一名词在最初创造的时候，究竟指的是什么，先秦文献中并没有留下确切的记载。我们现在能够看到的最早的解释，是由汉代以后的经学家所写的，主要有两种说法：一种指稻、黍、稷、麦、菽（大豆），另一种指麻（大麻）、黍、稷、麦、菽。两者的区别在于，前者有稻无麻，后者有麻无稻。①古代大麻的籽实虽然可以供食用，但是主要是用其纤维来织布；谷（繁体为穀）原来是指粮食，没有把麻包括在五谷之中，在逻辑上可以说得通。至于稻，当时的经济文化中心在黄河流域，稻的主要产地在南方，北方种稻有限，所以五谷中最初无稻也合乎情理。古人对五谷的两种不同解释，大概即缘于此。

因此，如果把上述两种说法结合起来看，五谷实际上包含了六种主要作物——黍、稷（粟）、稻、麦、菽、麻。先秦名著《吕氏春秋》里有四篇专门谈论农业生产的文章②，《审时》篇论及种植禾（最初就是粟的象形字）、黍、稻、麻、菽、麦的得时失时，所言六种作物和前面完全相同。另外，《吕氏春秋》十二纪中说到的作物也是这六种。显然，黍、粟、稻、麦、菽、麻，就是当时的主要粮食作物。所谓"五谷"，就是指这些作物或者其中的五种。但随着农业生产和社会经济的发展，五谷的概念也在不断演化，现在所说的五谷，实际只是粮食作物的总称或者泛指粮食作物罢了。

知道了五谷的含义，读者可能不禁要问，五谷中哪一个

---

① 中国传统的大麻雌雄异株，雄株称"枲"或"牡麻"，茎部韧皮纤维长而坚韧，呈白色或淡黄色，耐腐蚀性强，其麻皮可被织成布做成衣物；雌株称"苴"，麻子称"蕡"，又称"子麻"，主要以麻子供食用。

② 《吕氏春秋·士容论》中有《上农》《任地》《辩土》《审时》四篇，属"农家"之言。四篇内容各有侧重，《上农》主要论述重农思想和农业政策，《任地》主要介绍土地利用的原则，《辩土》主要讲述耕作栽培的要求和方法，《审时》重点论述掌握农时的重要意义。

又是最重要的呢？对于这样的问题，我们自然也要询经问典。按照东汉经学家、文字学家许慎《说文解字》的解释"稷，齌也，五谷之长"，《礼记·月令》称为"首种"，《淮南子·时则训》则称"首稼"。所谓"首种"或"首稼"，都指的是当时最重要的粮食作物。可以肯定的是，商周时期粟在五谷之中居于"首位"，对民生的影响自然最大。

不过，中国的很多词语都有一个动态变化的过程，五谷也不例外。粮食作物的地位是不断变化的，我们要历史地看待这样一个问题。比如，明代缪希雍《神农本草经疏》卷二十五就称"粳米即人所常食米"，"为五谷之长，人相赖以为命者也"。这里所说的"粳米"就是我们今天所说"粳稻"。显然，这里的"五谷之长"已经不再是粟。实际上，五谷之中主要粮食作物的地位经历了一个长期的嬗变过程。

根据大量考古发现和文献资料记载，在距今12000～10000年，黍、粟在华北地区开始被驯化，水稻首先在长江中下游地区得到人工栽培。起源于西亚"新月沃土"西部地带的小麦，大约在距今5000年时才传入中国。在生产力水平不高和气候不断变化的条件下，黍由于生长期短且更耐旱，成为最适合栽培的先锋农作物，于仰韶文化（距今7000～5000年）晚期之前在北方地区占据农作物种植的主导地位。这之后，随着人类土地开垦能力和农业经济水平的提高，良好耕作与栽培条件更加有利于粟的发展。与此同时，春秋战国时粟的亩产量已约是黍的两倍，这种比例关系已与现代粟与黍的亩产量比例关系相近。

再加上粟更适合被蒸煮成食物，口感较好，易于消化，故粟优势尽显，比黍更适合人口扩张的需要，可以取代黍成为"五谷之首"。

不过，水稻一直在南方农作物种植中占据主导地位，但就全国而言，由于经济中心在黄河流域，因此粟在全国粮食生产中仍居于首位，这种北粟南稻的格局延续了几千年。直到唐代中晚期，这一格局才开始被打破，水稻逐渐代替了粟，在全国粮食生产中居于首要地位；同时，麦也紧紧跟上，和粟处于同等地位（详见本书第四部分）。

当然，中国古代北粟南稻的格局在区域上并不是泾渭分明的，在某些地方必然存在彼此交错的现象，例如，水稻在新石器时代就已经传至北方，甚至一度在黄河的某些灌溉区种植面积很大。总体上，中唐以后粟在粮食中的首要地位逐渐被水稻取代。宋元以后，在地位上，粟又被麦赶超。至明清时期，粟沦为辅助作物。

甲骨文与金文中黍粟的关联文字

甲骨文，又称"卜辞""契文""龟甲文字""殷墟文字"，契刻于龟甲或兽骨之上，主要被商朝晚期王室用作占卜记事，是中国乃至东亚已知最早成系统的文字。《礼记·表记》说"殷人尊神，率民以事神，先鬼而后礼"，当时的王公贵族，上自国家大事，下至私人生活，无不求神问卜，依吉凶祸福决定行止。金文，亦称"铭文"或"钟鼎文"，是商周时期一种铸或刻于青铜器上的文字，记录的内容多为祀典、封赐、盟誓、征伐、宴享、围猎、诉讼、契约等事。甲骨文和金文所记录的内容，反映了当时社会生活的各个方面，是研究商周历史的珍贵资料。

随着甲骨文和金文的出现，中华民族进入了有文字记载的历史，我们的文明和精神财富得以传承。商周时期，与黍粟直接关联的文字有很多，具体包括黍、禾、齍、稷、粟、粱、秫等。所谓"文以载道，书以焕采"，黍粟的早期文字形态，必然传达了其最初的文化意涵，反映了我们祖先对农作物的一些基本认知和思考。

黍，甲骨文常作"✵""✵"等。黍的甲骨文字即其植株形态，是其散穗或是籽粒零落的象形，这点为学者所公认。不过，黍也有从"水"的字形，如甲骨文"✵""✵"，金文"✵"等，即在黍旁加上了水纹。一般按照汉代许慎《说文解字》的解释："禾属而黏者也。以大暑而種，故谓之黍。从禾，雨省声。孔子曰：'黍可为酒，禾入水也。'"后历史上多沿用此说。但据清代段玉裁《说文解字注》："凡云'孔子曰'者，通人所传。以禾入水不见其必为酒。"许慎的说法可能是对"黍"字形的讹化和比附，且通人所说（非孔子所言）亦不足为信。另外，还有人认为，黍"大暑而種"中的时间相当于农历七月下旬，而黍的正常种植时间是农历五月中旬至六月上旬，这与古代的农业科学常识相背离。因此，"黍"与"暑"应该并不同源，而那些带水的"黍"，当是"稻"的早期文字。所谓"禾入水"是通俗的拆字法，其误会来自小篆的隶化，这种说法颇有可信之处。

禾，甲骨文常作"𣎳""𣎳"，金文中常作"𣎳"等，一般认为最初就是指的粟。从甲骨文字形来看，"上象穗与叶，下象茎与根"，"𣎳""𣎳"显然像一株生长的谷子，"𣎳"则代表了成熟的植株形态。两汉经学家对此做过详尽的解释，《说文解字·禾部》说："禾，嘉谷也。二月始生，八月而孰，得时之中，故谓之禾。禾，木也。木王而生，金王而死。从木，从𣎳省，𣎳象其穗。"

禾最初是某一作物的专名，正如段玉裁的注说："嘉谷之连稿者曰禾，实曰卤，卤之人（仁）曰米，米曰粱，今俗云小米是也。"由于禾是最重要的粮食作物，地位特殊，还可引申作谷物之总名。禾的这两种用法在《诗经》中都有所表现。《大雅·生民》说"荏菽斾斾，禾役穟穟，麻麦幪幪，瓜瓞唪唪"，禾与几种作物对举且位列中间，只能解释为单一作物的粟。又《豳风·七月》曰"九月筑场圃，十月纳禾稼，黍稷重穋，禾麻菽麦"，清代陈奂《诗毛氏传疏》言"禾、麻、菽、麦，判然四物"，显然后一个"禾"是指"粟"，至于前一个"禾"，唐孔颖达疏"苗生既秀谓之禾，种殖诸谷名为稼；禾稼者，苗干之名"，当是谷物之总名。另外，还有《小雅·甫

田》"禾易长亩"的记载，对照全文四段①，前两段分别有
"黍稷""以介我稷黍"，后一段有"黍稷稻粱"，那么此处
之"禾"也当为谷物总名。

齍，甲骨文常作"🌾""🌾""🌾"。《说文解字·禾
部》："齍，稷也，从禾𡿧（齐）声。"又："稷，齍也，五
谷之长，从禾㚻声。"齍、稷二字互训，于省吾先生考证了
《说文解字》的说法，也认为甲骨文"稷"就是"齍"字，但
强调"稷"字始见于晚周的诅楚文，"齍"字应是"稷"的原
始初文，而且稷（古文"𥝫"）、粢、糼、餈等都是其后起
字。从"齍"的甲骨文字形来看，其似禾穗成熟或颗粒散落之
状，因此，齍、稷的本义当是指成熟之禾。

再进一步讲，稷在金文中作"🌾"，从字形上来看，当与
祭祀有关，所以清段玉裁《说文解字注》引《孝经》"稷者，
五谷之长；谷众多不可偏敬，故立稷而祭之"；又南朝梁顾
野王《玉篇·禾部》曰"齍，黍稷在器曰齍，亦作粢"；清
郭庆藩《说文经字正谊》云"盖稷名曰齍，实器用以祭祀亦
曰齍"。追根溯源，稷与齍的一脉相承，其内在要义还在于祭

---

① 《小雅·甫田》全文："倬彼甫田，岁取十千。我取其陈，食我
农人。自古有年。今适南亩，或耘或耔。黍稷薿薿，攸介攸止，烝我髦
士。以我齐明，与我牺羊，以社以方。我田既臧，农夫之庆。琴瑟击鼓，
以御田祖。以祈甘雨，以介我稷黍，以谷我士女。曾孙来止，以其妇子。
馌彼南亩，田畯至喜。攘其左右，尝其旨否。禾易长亩，终善且有。曾孙
不怒，农夫克敏。曾孙之稼，如茨如梁。曾孙之庾，如坻如京。乃求千斯
仓，乃求万斯箱。黍稷稻粱，农夫之庆。报以介福，万寿无疆。"

祀。如此，穧、稷则是表示用以祭祀谷神的成熟之禾。

商周时期，稷可能已经成为粟的常见称呼，重要的证据是其在《诗经》中出现了17次。不过，作为谷类的稷似乎很少单独出现，《诗经》中就是黍稷连称或对称，其中连称的有10次[①]，对称的有5次[②]，《尚书》也往往是黍稷连称。这应与它们的真实地位有关，由于黍稷是当时最重要的粮食作物，故而先民将二者作为五谷代表，示敬重，飨宗庙，也将其作为人们祭祀和歌咏的重要对象。

粟，甲骨文常作“”，似禾穗成熟下垂之状。于省吾先生曾释为穧，但孙海波在《甲骨文编》中始释为粟，袁庭栋先生也认为是粟。粟，古文则演变成“”，篆文承接古文作“”，下部“禾”亦变为“米”，隶变后楷书写作粟。《说文解字·卤部》也说：“粟，嘉谷实也。从卤，从米。”从字形看，卤像下垂之穗，从“米”。《说文解字·米部》曰：“米，粟实也，象禾实之形。”说明其造字初意为成熟之粟穗或未去稃壳的籽实。对此，《诗经》可印证。《小雅·黄鸟》

---

①《豳风·七月》与《鲁颂·閟宫》：“黍稷重穋”；《唐风·鸨羽》：“不能艺稷黍”；《周颂·良耜》：“黍稷茂止”；《小雅·出车》：“黍稷方华”；《小雅·楚茨》：“我艺黍稷”；《小雅·信南山》：“黍稷彧彧”；《小雅·甫田》：“黍稷薿薿”“以介我稷黍”；《小雅·大田》：“与其黍稷”。

②《鲁颂·閟宫》：“有稷有黍”；《小雅·楚茨》：“我黍与与，我稷翼翼”；《王风·黍离》：“彼黍离离，彼稷之苗……彼黍离离，彼稷之穗……彼黍离离，彼稷之实”。

曰："黄鸟黄鸟，无集于榖，无啄我粟……黄鸟黄鸟，无集于桑，无啄我粱……黄鸟黄鸟，无集于栩，无啄我黍。"其中"榖""桑""栩"为"楮""桑""柞"并列的三种树木，与"粟""粱""黍"对称，而且"粱""黍"都属禾谷类，那么"粟"应是与"粱""黍"并列的谷物籽实（从其他的文献记载来看，粱、黍、稻等既可指植株也可指籽实），即粟在《诗经》中被用作专名，而且是指谷子的籽实。另外，《小雅·小宛》云"率场啄粟""握粟出卜"，其中的粟也都是指谷物的籽实。

秫，甲骨文常作"𥞻""𥞻"等，从字形上来看，有前述"禾"字之韵。《尔雅》名"众"，与"粢"并列，孙炎注谓"秫"为黏粟。《说文解字·禾部》云："秫，稷之黏者。从禾；术，象形。术，秫或省禾。"又《本草纲目·谷部》释"秫"说："秫字篆文，象其禾体柔弱之形，俗呼糯粟是矣。"可见，"秫"为粟的一个类型，甲骨文之象乃黏粟柔弱之形。由于秫的本义为黏粟，故又引申为"黏"义，还可指其他有黏性的谷物。

粱，金文常作"𣲳""𥞻""𥞻"等，《史免簠铭》曰："史免作旅匡，从王征行，用盛稻粱。"又《叔家父簠铭》曰："叔家父作仲姬匡，用盛稻粱。"另外，粱在《诗经》中出现三次，其中两次是和稻并举：《唐风·鸨羽》中"不能艺稻粱"；《小雅·甫田》中"黍稷稻粱，农夫之庆"；《小雅·黄鸟》中"黄鸟黄鸟，无集于桑，无啄我粱"。显然，粱和稻同样珍贵。在出现时间上与《诗经》最为接近的《仓颉篇》说"粱，好粟也"，后《说文解字·米部》亦解"粱，米名也，从米"，《说文解字注》云"粱，禾米也，各本作米名也"。故而，粱是粟的一个优良品种，古文献中既可指植株，也可指籽实，正如李时珍所云："粱者，良也，谷之良者也……粱即粟也。"

"社稷"内涵与国家观念的代表

在中国古代社会，人们常常把自己国家或主权所及之地，称为江山社稷。但究竟什么是"社稷"？其中又有什么典故？这些与本书主题存在直接的关联。我们知道，"社稷"是"社"和"稷"的合称，如果从金文字形来看，社为"社"、稷为"稷"，二字都与祭祀神灵有关。那么，它们各自的文化源流又是如何呢？

关于"社""稷"之来龙去脉，汉代文献已有较为清晰的解释。《说文解字》云"社，地主也"，"稷也，五谷之长"。《孝经纬》说："社，土地之主也，土地阔不可尽敬，故封土为社，以报功也；稷，五谷之长也，谷众不可遍祭，故立稷神以祭之。"又《白虎通义·社稷》也说："王者所以有社稷何？为天下求福报功。人非土不立，非谷不食。土地广博，不可遍敬也；五谷众多，不可一一祭也。故封土立社，示有土也。稷，五谷之长，故立稷而祭之也。"以上说法基本一致，即"社"为土地之主，"稷"乃五谷之长，继而分别被祭为"土神""谷神"。归根到底，这要源于早期先民对土地和谷物的崇拜。

不过，关于"社""稷"的注解还有另一种说法。《左传·昭公二十九年》曰："共工氏有子曰句龙，为后土，此其二祀也，后土为社；稷，田正也。有烈山氏之子曰柱，为稷，自夏以上祀之。周弃亦为稷，自商以来祀之。"《礼记·祭法》曰："是故厉山氏之有天下也，其子曰农，能殖百谷；夏之衰也，周弃继之，故祀以为稷。共工氏之霸九州岛也，其子曰后土，能平九州岛，故祀以为社。"这又表明，"社""稷"还指著名的神话人物。"句龙"为"社"，又称"后土"；"柱""农""弃"为"稷"。

《礼记·祭统》云"礼有五经，莫重于祭"，《左传·成公十三年》则曰"国之大事，在祀与戎"，"祭祀"在古代社会中占有极其重要的地位，能够进入祭祀行列的"句龙""柱"和"弃"等，必然是功勋卓著者。《国语·鲁语上》言："夫圣王之制祀也，法施于民则祀之，以死勤事则祀之，以劳定国则祀之，能御大灾则祀之，能扞大患则祀之。非是族也，不在祀典。昔烈山氏之有天下也，其子曰柱，能殖百谷百蔬；夏之兴也，周弃继之，故祀以为稷。共工氏之伯九有也，其子曰后土，能平九土，故祀以为社。"此处便清楚地向我们展示了先民对于祭祀的尊崇和标准，"句龙""柱"和"弃"，可谓功在千秋。

不仅如此，上述文献还暗含着一个重要的信息，即"后土""稷"又是职务名称。前述《左传·昭公二十九年》讲到"五行之官，是谓五官……木正曰句芒，火正曰祝融，金正曰蓐收，水正曰玄冥，土正曰后土"，《礼记·祭法》说"共工氏之霸九州也，其子曰后土"，孔颖达疏"共工后世之子孙为后土之官"，皆表示"后土"为上古掌管有关土地事务的官职，"句龙"便曾任此官，死后被奉为社神。至于"稷"，则是主管农事的官职，《左传·昭公二十九年》又说"稷，田正也"，杜预注"掌播殖也"，孔颖达疏"正，长也，稷是田官之长"。至于"稷"如何演变成"后稷"，本书第一部分已有论述，这里不再赘述。

由上可知，表面上"社""稷"最初并不直接相关，"社"是土地之主，被祭为"土神"，又可指代"后土"（土官）、"句龙"；①"稷"乃五谷之长，又被祭为"谷神"，或是最高级别农官，或是"后稷"（周始祖"弃"）。当然，后世流行较为广泛的还是"社"为土地神、"稷"为五谷神。不管怎么说，"社"和"稷"是兼具多重身份的。

但实际上，"社""稷"又是紧紧联系在一起的，这恐怕要归结于人类在漫长蒙昧时代所形成的原始崇拜与精神文化。"社"与"稷"的联合，其核心要义在于，两者是农业社会最

---

① 另据《说文解字》引《周礼》"二十五家为社，各树其土所宜之木"，故"社"可引申为一种基层行政单位，所有的"社"会合起来即可成为一个"社会"，后来还表示某种从事共同活动的集体组织。

重要的根基，体现了中华民族"以农为本""以农立国"的原始崇拜，故而"社神"与"稷神"往往并列成为固定的祭祀组合，即"祭社稷"。

根据《周礼·考工记》"左祖右社"的规定，社稷坛设于王宫之右，与设于王宫之左的宗庙相对。社坛代表安全的生存空间，稷坛代表稳定的食物来源，《礼记·曲礼下》曰"国君死社稷"，就是说君主要与国家共存亡。由于历代君王都自命为天子，所谓"受命于天"，因此都把社稷视为国家的基础和象征。商周以降，历代君王均沿袭祭祀社稷大礼。

北京有座社稷坛，它位于天安门西侧，占地面积360余亩，主体建筑祭坛呈正方形，是明清两代皇帝专门用作祭祀社稷的地方。明清时期，每逢农历年二月、八月的上戊日清晨，当朝皇帝都要来到社稷坛举行仪式，祈求风调雨顺、五谷丰登、国泰民安；若遇出征、班师、献俘、旱涝等重大事件，也在此举行祭祀。据统计，自明永乐十九年（1421年）至清宣统三年（1911年），曾有过1300余次的祭祀大典在这里举行，表明社稷坛在皇室生活中具有显赫地位和特殊意义。

当然，随着封建王朝的覆灭，社稷坛及其祭祀活动已经淡出人们的视线。不过，作为一种延绵不断的精神信仰，其国家象征和观念意识一直流淌在中华民族的血液中。古人常曰"社稷之忧""社稷之患""社稷之危""谨奉社稷而以从"，指的都是国家之忧虑、隐患和安危。孔夫子也说"能执干戈以卫社稷，虽欲勿殇也，不亦可乎"（《礼记·檀弓下》），所谓

"天下兴亡，匹夫有责"，每一个人都有义务和责任去守护好自己的家园。今天，回过头去再看社稷，我们更多的是要了解她、读懂她，感恩土地、尊崇自然，勤于稼穑、珍爱五谷，方能以史明志，爱国守业，自强不息。

日常民食和税收对黍粟的依赖

商周之际，中华文明的中心在黄河流域，黍、粟在五谷中占据主导地位。前文有述，黍、粟主要通过"蒸煮"（即蒸饭和煮粥之法）来满足早期先民基本的生存需求。不仅如此，黍、粟还可被做成面食以及用于酿酒，丰富了日常食物品种。

蒸饭，在古时也被称为焖饭。当时用粟米、黍米制作蒸饭的方法，应与现在做小米饭、黄米饭的方法相似，即将粟米、黍米淘净放于锅中，然后加入适量清水煮、蒸，至蒸汽四溢而饭香宜人时即可食用。如果一次吃不完的话，还可以下次蒸热再食，古人又称之为"馏"。《说文解字·食部》曰："馏，饭气蒸也。"清段玉裁注为"饭气流也"，取"气液盛流"之义，形象地描述出蒸馏时热气四溢之状。馏，实际上是一种特殊的蒸饭办法，意指把冷却的熟食重新加热。直到今天，我们在用黍米、粟米做干饭时，仍然采用的是上述蒸、馏的办法。

这里再介绍一种比较特殊的"飧食法"。《礼记·玉藻》曰："君未覆手，不敢飧。"意思是饭后用手抹嘴，以去不洁，表示餐毕。孔颖达疏："飧谓用饮浇饭于器中也。"又

《玉篇·食部》曰："飧，水和饭也。"另外，《楚辞·九思·伤时》也提到过类似的食法——餍："时混混兮浇餍，哀当世兮莫知。"王逸注曰："餍，餐也。混混，浊也。言如浇餍之乱也。"《说文解字·食部》也说："餍，以羹浇饭也。"可见，这种"飧食法"大概类似于现在的盖浇饭，虽不知其味，但制作方法与食法却别具一格。

煮是食用黍米、粟米最常用的方法，就是将其淘净置于炊具之中，然后加入适量清水，用大火或小火煮以为粥。不过，古人粥食比现代分得更细，因稀稠不同或成分不同而名称各异，一般所言之"粥"相当于现在的稀粥，稠粥则另有名称——糜、饘、糊等。糜，《尔雅·释言》曰："粥之稠者。"《说文解字·食部》曰："饘，糜也。"《礼记·檀弓上》曰："饘粥之食。"孔颖达疏："厚曰饘，稀曰粥。"又《广韵·仙韵》曰："饘，厚粥也。"《尔雅·释言》曰："糊，饘也。"郭璞注："糊，糜也。"邢昺疏："糊、饘、粥、糜，相类之物，稠者曰糜，淖者曰粥。糊、饘是其别名。"又《说文解字·食部》曰："饘，糜也……周谓之饘，宋谓之糊。"可见，糜、饘、糊三字互训，基本含义都是一致的，只不过糜是比较通行的说法，而饘、糊是别名，在周代可以叫作饘，在宋代又可以叫作糊。

当然，古人在制作黍米粥、粟米粥的时候，原料往往并不单纯是黍米、粟米，有时还加入一些菜、肉等，以提高口感、增加营养，其名称也不再叫"粥"，而是称作糁（糣）、糏等。如《墨子·非儒下》曰："孔某穷于蔡、陈之间，藜羹不糂。"意思是说，孔子在蔡、陈因无米做粥饭，只能食用不掺粮食的菜羹果腹。《说文解字·米部》曰："糂，以米和羹也。""羹"在古代是指用肉或菜调和五味做成的汤汁，"糂"当是指与菜或肉混合的一种粥了。不过《说文解字·米部》又曰："糏，糜和也。"段玉裁注："糜和谓菜属也。凡羹以米和之曰糂糜，或以菜和之曰糏。"由此，糂实指用谷米掺和肉羹而成的粥，而用菜羹掺而成的粥则称为"糏"。

黍、粟还可以做成面食。除了第一部分我们所讲到的面条，黍米面饼和粟米面饼也是值得关注的。制作方法，一般是将黍米、粟米或二者混合物碓捣成粉，兑水后揉捏成型，然后蒸熟。这在同时期的新疆地区表现较为突出。正如前文鄯善县苏贝希墓地、哈密市五堡墓群、且末县扎洪鲁克古墓葬等，就发现不少由黍面、粟面制成的面食、点心和圆形饼等，这都说明以黍、粟为原料加工制作而成的饼食，在当地人的日常生产与生活中占有重要地位，其影响可能要超过由西亚经中亚传入中国的小麦。

如前所论，我国酿酒的历史非常久远。《孟子·离娄下》谓"禹恶旨酒而好善言"，《尚书·五子之歌》则言太康"甘酒嗜音，峻宇雕墙"，说明夏代已经能够酿造出品质比较好的酒了。《史记·殷本纪》记载，商纣王"以酒为池……为长夜之饮"。《尚书·酒诰》曰："在今后嗣王酗身……惟荒腆于酒……庶群自酒，腥闻在上。"《大盂鼎》说："惟殷边侯田粤殷正百辟，率肆于酒……靡明靡晦，式号式呼，俾昼作夜。"加之殷商出土的酒器种类繁多，足可证明商朝有嗜酒之风。

不仅如此，商朝人甚至已经知道用蘖（酵母）酿酒了。《尚书·说命下》曰："若作酒醴，尔惟曲蘖。"《说文解字》释"蘖"为"牙米"。蘖，就是发芽的谷物。所谓曲，就是指发霉长毛的谷物。《释名·释饮食》曰："曲，朽也。郁之使生衣朽败也。"用曲酿酒是中国古代一项重大创造。酒曲中不但含有能促成酒化的酵母，而且含有能促成糖化的丝状菌毛霉。河北藁城台西商代遗址曾出土一块8.5千克的酒曲残块，证明我国商代确实用酒曲酿酒。

武王伐纣，周人借鉴了殷商统治阶级酗酒亡国的教训，率先把饮酒活动用礼仪和制度进行了规范。《尚书·酒诰》的初衷便是要以酒为鉴，告诫封国，饮酒须有节制。西周时期，酿酒和饮酒都具备了比较严格的管理体制。而在酿酒技术方面，《周礼·天官·酒正》则提到了五齐、四饮、三酒这样的关键概念①，极大推动了中国酒文化发展。

众所周知，酿酒需要耗用大量的粮食。商周时期，原料主要是黍、粟和稻。《甲骨文合集》收录的编号21221甲骨上

①"辨五齐之名：一曰泛齐，二曰醴齐，三曰盎齐，四曰缇齐，五曰沈齐。辨三酒之物：一曰事酒，二曰昔酒，三曰清酒。辨四饮之物：一曰清，二曰医，三曰浆，四曰酏。"以"五齐"为例：泛齐，指米滓浮起来较多；醴齐，指酒醅成熟后，酒液与酒滓混为一体，可以共同食用；盎齐，指酒液呈葱白色；缇齐，指酒液呈红赤色；沈齐，指酒液澄清，酒滓万群下沉，酒滓与酒液在酒醅成熟后自然分离。

有"于一月辛酉酒黍登"字样，又《诗经·大雅·江汉》曰"秬鬯一卣"，毛传云"秬，黑黍也。鬯，香草也。筑煮合而郁之曰鬯"，郑笺云"鬯，黑黍酒也，谓之鬯者，芬香条鬯也"。这些是指用黑黍和香草酿造的酒来祭祀宗庙。《说文解字》在释"酉"的时候亦云"八月黍成，可为酎酒"，进一步表明黍之于酿酒的重要作用。可用于酿酒的粟米，包括所谓的秫米和粱米。因为人们一般用糯性粮食酿酒，所以用秫酿的酒是最普遍的，古代"杜康作秫酒"的记载和传说便是印证。又《礼记·月令》有仲冬作酒的记载："乃命大酋，秫稻必齐，曲蘗必时，湛炽必洁，水泉必香，陶器必良，火齐必得，兼用六物，大酋监之，毋有差贷。"短短的几句话，便把当时酿酒技术中需要注意的问题都指出来了。酿酒除了要及时做好曲蘗外，还必须准备好秫和稻等原料。

黍、粟作为重要的日常粮食，不仅可以满足果腹之需，而且还是物质财富的重要代表和税收来源。税在古汉语中是会意字，左边为"禾"，右边为"兑"，表明税收与农业存在最直接的关联。农业税的雏形是以禾株或粮食为代表的实物税，百姓缴税就是缴粮，劳役税、货币税等出现得较晚。在最早期的税中，黍、粟占有绝对的比例。

那么，我国早期又是如何征税的呢？《尚书·禹贡》有曰："五百里甸服。百里赋纳总，二百里纳铚，三百里纳秸服，四百里粟，五百里米。"孔安国传云："规方千里之内谓之甸服，为天子服治田，去王城面五百里。甸服内之百里近王城者，禾稿曰总，入之供饲国马。铚刈谓禾穗。秸，稿也。
服，稿役……所纳精者少，粗者多。"孔颖达疏云："直纳粟
米为少，禾稿俱送为多。其于税也，皆当什一。但所纳有精
粗，远轻而近重耳。"

由此可见，上古时期缴纳实物税的种类并不一样，征税
标准因距王城远近而不同，原则是远轻近重，农作物的秸秆、
穗头、谷米皆可入税。这在《周礼·地官》中也得到了很好的
体现："园廛二十而一，近郊十一；远郊二十而三，甸、稍、
县、都皆无过十二，唯其漆林之征二十而五。"即从园廛、
近郊、远郊至甸、稍、县、都，税率分别为5%、10%、15%、
20%，仅仅只有漆林一类的经济作物税率为25%。

夏商周时期的资料显示，当时的税率在10%～20%之间，
如果从整个古代社会的征税历史来看，这样的税率是比较适中
的。但实际上，中国的赋税徭役制度是纷繁复杂的，经历了一
个从无到有、从少到多的过程，百姓的负担在很多时候都是比
较重的。《诗经》中的著名篇章《硕鼠》曰"硕鼠硕鼠，无食
我黍。三岁贯汝，莫我肯顾"，便是一个很好的例证。它反映
了劳动者对国家横征暴敛、繁重赋税的抗议和控诉，体现了下
层劳苦大众对厚税重役的一种本能反抗，在我国税收抗争史上
留下了浓重的一笔。

总之，黍、粟是这一时期先民日常饮食和国家税收的主要
来源，也是维持王朝统治、经济社会稳定的重要保障，可以说
为商周文明的创立和发展奠定了物质基础。这种对黍、粟的物

质依赖态势，在中国历史上延续了几千年。有关黍、粟的耕作制度与技术、农业经济与管理等问题，将在本书其他部分继续讨论。

从"粟爵粟任"看商鞅的"国富论"

我们都知道，商鞅（约前390—前338年）是中国历史上著名的改革家，他积极辅佐秦孝公，废井田，开阡陌，推行县制，奖励耕战，实施连坐，大力推动变革，史称"商鞅变法"，可谓家喻户晓。对此，李斯在《谏逐客书》中曾这样评价："孝公用商鞅之法，移风易俗，民以殷盛，国以富强，百姓乐用，诸侯亲附。"司马迁《史记·太史公自序》也说："鞅去卫适秦，能明其术，强霸孝公，后世遵其法。"商鞅通过变法，使秦国最终成为当时富裕强大的国家，功如丘山，名传后世。

《商君书》，也作《商子》，是商鞅及其后学的著作汇编，着重阐述了商鞅实行变法的理论和具体措施。其中，《去强》篇曰："兴兵而伐，则武爵武任，必胜；按兵而农，粟爵粟任，则国富。兵起而胜敌，按兵而国富者王。"意思是说，发兵攻打他国，如果按照军功的多少授予爵位和官职，那么就一定会取得胜利；按兵不动，从事农耕，如果依据纳粮的多少授予爵位和官职，那么国家就一定会富裕。因此，兴兵打仗就能战胜敌人，按兵不动就可富足国家、称王天下，以图霸业。

这集中体现了商鞅的胜敌富国思想，特别是"粟爵粟任"的政策主张，实质为一种纾解财政困难的办法，把所得钱粮纳进国库，以增加政府的经济收入，可谓古代中国版的"国富论"，为后世帝王和政治家所沿袭与发扬，影响深远。

根据《史记·秦始皇本纪》的记载，在嬴政称皇帝的第四年（前243年）十月，"蝗虫从东方来，蔽天，天下疫。百姓内（纳）粟千石，拜爵一级"。里面提到每缴纳一千石粟，可以授予爵位一级，通过"纳粟拜爵"的形式实施赈灾。又据《汉书·食货志》记载，汉文帝十二年（前168年），由于边境战争使国家陷入困难境地，时任太子家令的谋臣晁错上奏《论贵粟疏》，向汉文帝献上了"入粟县官，得以拜爵，得以除罪"之策。"文帝从错之言，令民入粟边，六百石爵上造（汉二十等爵的第二级），稍增至四千石为五大夫（汉二十等爵的第九级），万二千石为大庶长（汉二十等爵的第十八级，仅次于彻侯、关内侯，是非常有权利的官职），各以多少级数为差。"于是，"入粟拜官"在汉初成为定例。

对于统治阶级而言，以粟拜官封爵有明显的好处，正如晁错所言："爵者，上之所擅，出于口而无穷；粟者，民之所种，生于地而不乏。"可以说，爵位这种东西，完全由皇帝垄断，随口而设，不费一文金钱。粮食是由老百姓在土地上耕种所得，无穷无尽。皇帝仅凭一口之词，便可获利万千，实在是天底下最划算的事情。况且，这里用于交易的主要是作为荣誉

性的爵位，而不是从事行政管理的官位。

实际上，从执行结果来看，最初的成效比较明显。商鞅的"粟爵粟任"之策，提高了基层民众的政治待遇，却没有让国家产生多余的开支，再加上对勤于耕织者免除徭役，使秦人的开发热情空前高涨，经济规模越做越大，最终达到了富国的目的。秦始皇通过"纳粟拜爵"的方式进行社会动员，客观上增强了救灾济荒的经济实力。汉文帝"入粟拜官"政策的施行，根据《汉书·食货志》的记载，"时有军役，若遭水旱，民不困乏，天下安宁。岁孰且美，则民大富乐矣"，于是"下诏赐民十二年租税之半。明年，遂除民田之租税"，"如此，富人有爵，农民有钱，粟有所渫"，可谓一箭三雕。因此，汉代以后的"纳粟拜爵"或"入粟拜官"政策多有沿用。

当然，无论是"粟爵粟任"，还是"纳粟拜爵""入粟拜官"，意思都差不多，即通过交纳粮食获得一定的荣誉地位和资源，这实质上就是卖官鬻爵。作为历朝历代在国库空虚的紧急情况下所采用的一项急救措施，虽然能解燃眉之急，但也容易在政治上造成"以钱买官，将本求利"的吏治腐败。有的朝代甚至皇帝本人带头上阵，比如说汉灵帝，不但明码标价，而且还设立专门的机构，公开售卖官爵，毫不掩饰。

汉灵帝之后，卖官鬻爵现象一直存在。明清时期，卖官鬻爵还被"发扬光大"，官爵不再是荣誉性的，而是具有实权的，这将卖官鬻爵制度推向了顶峰，流毒甚巨。

例如，反映现实生活的《水浒传》《金瓶梅》《红楼梦》

《儒林外史》等经典小说，处处可见卖官鬻爵的绝妙情节。不用说高俅一手遮天，买官卖官，中饱私囊；西门庆向专权的太师买得一个提刑所副千户的武官，过着鲜衣怒马、威风凛凛的生活。更别说贾珍通过太监给儿子贾蓉花了一千两百两买了一个五品龙禁尉的官职，光耀门楣；"凤四老爹"用计让官员出了同样的银子给万青云买了一个真中书，还助其免了官司。这些将走向没落的封建社会的各种丑态刻画得淋漓尽致，令人叹息。

"输粟于晋"的粮食外交

"输粟于晋"涉及粮食救济、水上运输，是重大的外交行动，后来成为一个历史事件，衍生出一连串的成语典故，像"泛舟之役""有借无还""弃信背邻"等。虽说"春秋无义战"，但我们看待历史，不能一概而论，而应管中窥豹，从历史事件中觉察当时基本的外交义利观。

"输粟于晋"见于《左传》。讲述的是，晋国接连遭遇灾荒，五谷不收，惠公四年（前647年），又发生饥荒，仓廪空虚，于是派人到秦国购买粮食。秦穆公有点迟疑，因为自己曾有恩于晋，但晋之前却不思回报，于是召集群臣，商议到底要不要卖粮给晋国。公孙枝、百里奚认为，无需回报，救灾恤邻是道义，都主张卖粮；丕豹却进谏，应趁机攻打晋国。秦穆公最终采纳了公孙枝和百里奚的建议，认为虽然晋惠公有可恶的地方，但晋国老百姓没有过错，于是派了大量的船只，装载万斛之粟，由秦都雍城（今陕西凤翔南）出发，东渡黄河，直达晋都绛。运粮的白帆从雍城到绛，八百里首尾相连，络绎不绝，史称"泛舟之役"。

不巧的是，第二年，秦国发生了灾荒，而晋国却是大丰收，于是秦国又请求晋国卖粮食给秦国。晋惠公与大臣商议此事，庆郑认为秦国不计前嫌给晋国运粮救灾，晋国理应回报，弃信背邻、忘恩负义不会有好的结果。而虢射认为，给秦国粮食也不会让他们对晋国的怨恨减少，反而会增加敌人的实力，不如不给。晋惠公最终决定拒绝秦国的请求。秦国也因此讨伐晋国。最后，晋军大败，晋惠公被俘。秦穆公的夫人是晋惠公的姐姐，遂以自焚要挟秦穆公，要求放了晋惠公。晋文公以割让河西五城给秦国及让自己的儿子公子圉入质于秦为条件才得以归国复位。

这一段故事告诉我们，多行不义必自毙，如同人和人之间的关系，在国与国的交往中，也要维持基本的义利观，忘恩负义、图一时之利，毁掉的可能是整个江山。正所谓"国不以利为利，以义为利也"（《礼记·大学》），重义轻利、先义后利、取利有道，正确处理本国与他国的关系，不仅关乎到自身的安全和稳定，还关乎到区域乃至世界的和平与发展。

"黍离之悲"的士人爱国情怀

"黍离之悲"，也称"禾黍之悲"，最早来源于箕子（商王文丁的儿子、商王帝乙的弟弟、商王纣的叔父）所作的一首诗歌："麦秀渐渐兮，禾黍油油。彼狡僮兮，不与我好兮！"说的是箕子朝周而过故殷墟，感怀宫室毁坏尽为禾黍，悲伤之余乃作诗以歌咏之。

又《毛诗序》曰："《黍离》，闵宗周也。周大夫行役，至于宗周，过故宗庙宫室，尽为禾黍，闵周室之颠覆，彷徨不忍去，而作是诗也。"意思是说，东周大夫行役，路过故都，看到昔日宗庙毁坏，已经长满了禾黍，彷徨不忍离去，于是作了这首诗。

该诗重章叠句，咏叹回环，尽现古朴、苍凉与哀伤之气：

> 彼黍离离，彼稷之苗。行迈靡靡，中心摇摇。知我者，谓我心忧；不知我者，谓我何求？悠悠苍天，此何人哉？
>
> 彼黍离离，彼稷之穗。行迈靡靡，中心如醉。知我者，谓我心忧；不知我者，谓我何求？悠悠苍天，此何人哉？
>
> 彼黍离离，彼稷之实。行迈靡靡，中心如噎。知我者，谓我心忧；不知我者，谓我何求？悠悠苍天，此何人哉？

西周的都城在镐京，简称"京"，由周武王在公元前1046

年建立。西周末年，周幽王昏庸，于公元前770年被犬戎杀掉，之后姬宜臼继位为周平王，迁都王城洛邑，史称东周。从此各国诸侯强立，周王朝走向衰微。三百年的繁华早已灰飞烟灭，看到眼前的衰败之象，只能伤怀凭吊，怎能不让人悲痛！

自此，人们便以"禾黍"悲悯故园破败或胜地圮废，"黍离之悲"成为中国具有代表性的一种文化情怀，悼往伤今，常见于古代文学作品，传唱不衰。其中，魏晋时向秀所作《思旧赋》，更是将这种情思推向了新的高度：

> 将命适于远京兮，遂旋反而北徂。济黄河以泛舟兮，经山阳之旧居。瞻旷野之萧条兮，息余驾乎城隅。践二子之遗迹兮，历穷巷之空庐。叹《黍离》之愍周兮，悲《麦秀》于殷墟。惟古昔以怀今兮，心徘徊以踌躇。栋宇存而弗毁兮，形神逝其焉如。昔李斯之受罪兮，叹黄犬而长吟。悼嵇生之永辞兮，顾日影而弹琴。托运遇于领会兮，寄余命于寸阴。听鸣笛之慷慨兮，妙声绝而复寻。停驾言其将迈兮，遂援翰而写心。

此篇赋是向秀为怀念故友嵇康和吕安所作，当他看到嵇康曾经居住过的地方，一片凄凉，"叹《黍离》""悲《麦秀》"，"栋宇存"而"形神逝"，国破家亡，往事如烟，因而勾起自己极大感伤之情。《思旧赋》哀怨愤懑，隐晦曲折，情辞隽远，寄意遥深，成为后世极具文学审美意味的重要作品之一，影响深远。

具有"黍离之悲"的另一名篇是南宋姜夔的《扬州慢·淮左名都》：

> 淮左名都，竹西佳处，解鞍少驻初程。过春风十里，尽荠麦青青。自胡马窥江去后，废池乔木，犹厌言兵。渐黄昏，清角吹寒，都在空城。　　杜郎俊赏，算而今、重到须惊。纵豆蔻词工，青楼梦好，难赋深情。二十四桥仍在，波心荡，冷月无声。念桥边红药，年年知为谁生。

这首词为姜夔"解鞍少驻"扬州所作，描写过去令人神往的名都，在金兵的铁蹄蹂躏之后，已是满目疮痍。"荠麦青青""废池乔木"，不免使人联想到前人反复咏叹的"彼黍离离"诗句，尽寄故园之思。纵观全词，清婉空灵，寄寓深长，感情基调完全笼罩在一种悲凉凄怆的氛围之中，是古人抒发"黍离之悲"富有余味的佳作。

另外，类似情调的作品还有曹植《情诗》："游者叹黍离，处者歌式微。慷慨对嘉宾，凄怆内伤悲。"许浑《金陵怀古》："玉树歌残王气终，景阳兵合戍楼空。松楸远近千官冢，禾黍高低六代宫。"王安石《金陵怀古》："东府旧基留佛刹，后庭余唱落船窗。黍离麦秀从来事，且置兴亡近酒缸。"梁辰鱼《浣纱记·擒嚭》："千载吴宫皆禾黍，叹故国已无望。"以上各诗所寄情感都跃然纸上，使人顿感怀古伤悲

之情。

　　以"黍离之悲"为主题的诗歌，是古代士人爱国情怀迸发的重要表现形式。可以说，"黍离之悲"是非常具有民族特色的情感寄托，不断吸引并推动着中华儿女心系家国兴亡、民族命运，持续激励着国人自强不息、奋勇前行。

秦汉隋唐：黍粟文化日臻繁盛

秦汉至隋唐，计九百余年，文治武功、经济繁荣、社会昌明、国威远播，可谓古代历史上的盛世。其间产生的宗教、诗歌、音乐、书法、绘画等，绚烂多彩，激荡交融，百花齐放，推动中华文明走向辉煌和鼎盛。在这一时期，黍粟文化日臻繁盛，处处彰显自身的存在和影响，内容丰富，意蕴深厚。

"耕—耙—耱"旱地耕作技术典范的确立

"耕—耙—耱"是具有代表性的黍、粟防旱保墒土壤耕作技术体系。我国从战国时期开始重视深耕细作，提倡"深耕""疾耰"。其中，"疾耰"就是要求在深耕后及时地碎土，以切断土壤的毛细管，减少水分蒸发，同时细致均匀地覆种，以利出苗。至魏晋南北朝时期，这一耕作技术体系发展成熟，成为当时世界精耕细作农业的光辉典范。

"耕—耙—耱"的基础是翻耕，翻耕的前提条件是使用耕犁，我国大约是在秦汉时开始使用大型三角犁铧和犁壁的。在犁铧上安装犁壁之后，不仅使耕犁的松土和碎土能力大为提高，而且使耕犁具有了翻垡的功能，从而为实行翻耕法奠定了基础。

汉代的犁是长直辕犁，耕地时回头转弯不够灵活，起土费力，效率不高。到了唐代，耕作农具进一步发展，出现了曲辕犁，因首先在江南水田推广应用，又称为江东犁。唐末著名文学家陆龟蒙《耒耜经》记载："耒耜，农书之言也，民之习，通谓之犁。冶金而为之者，曰犁镵、曰犁壁。斫木而为之者，曰犁底、曰压镵、曰策额、曰犁箭、曰犁辕、曰犁梢、曰犁评、曰犁建、曰犁槃。"曲辕犁比之前的耕犁有了很大的改进，操作时犁身可以摆动，富有机动性，便于深耕，且轻巧柔便，利于回旋，兼有良好的翻土、覆土和碎垡的功能，因而特别适合在土质黏重、田块较小的江南水田中使用。其基本结构和原理同样适用于北方旱作区。曲辕犁的出现是古代中国耕作农具成熟的重要标志。

实行翻耕法，还必须在翻耕后配合以适当的整地作业，才能使农田土壤达到地面平整和土块细碎的目的。秦汉时期，在翻耕后主要用"摩"来磨平地面和磨碎土块。西汉农书《氾胜之书》谈到的"平摩其块"或"摩平以待种时"，说的就是翻耕后的整地作业。但是，实践表明，仅仅依靠"摩"这种整地工具还不能保证达到整平磨细的目的。为了提高整地质量，人们又经过一段时期的研究和探索，大约在魏晋南北朝时期，发明了铁齿耙这种整地工具，于是翻耕法才逐步形成了耕后有耙、耙后有糖这种耕—耙—糖三位一体的耕作体系。现在，我们还可以从出土画像石、画像砖上看到当时耕、耙、糖的生动形象。

后魏贾思勰《齐民要术》还系统总结了耕—耙—糖三位一体的耕作经验，如《耕田》篇说，"耕荒毕，以铁齿榛再遍耙之，漫掷黍穄，劳亦再遍"。"劳"即耢，指的就是糖地作业，有的地方也叫作"盖"，意思是要耕一遍、耙两遍、耢两遍。耕后用铁齿耙耙地，将耕后的大土块耙小。糖则是使小土块变成细末，形成上虚下实的土层，可以使土壤的保墒、蓄墒能力大为加强。

《论贵粟疏》凸显的"贵粟"和"重农"思想

《论贵粟疏》是西汉名臣晁错（前200—前154年）的政论文章，记载于《汉书·食货志》，是给当时汉文帝的奏疏。该文全面论述"贵粟"（重视粮食）的重要性，提出了重农抑商、入粟于官、拜爵除罪等一系列主张。

由于黍、粟在农业社会中地位特殊，中国很早就有了"重粟""贵粟"的思想。《汉书·食货志》载"神农之教"："有石城十仞，汤池百步，带甲百万，而亡粟，弗能守也。"《管子·治国》也说："田垦则粟多，粟多则国富，奸巧不生则民治。富而治，此王之道也。不生粟之国亡，粟生而死者霸。粟生而不死王。粟也者，民之所归也；粟也者，财之所归也；粟也者，地之所归也。粟多则天下之物尽至矣。"秦国商鞅认为"欲富其国者，境内之食必贵"，而"民不逃粟，野无荒草"是富国的唯一途径。黍和粟不仅关系到百姓生存，还关系到财政稳定、国家兴亡。保证黍粟充足，是统治者治国安邦之本务。

西汉初年，战乱刚刚结束，社会百废待兴，人民生活非常困难。汉高祖刘邦采取了罢兵归家、抑制商人、轻徭薄赋等一系列措施，使遭到严重破坏的农业生产逐渐得以恢复。汉文帝即位后，"躬修节俭，思安百姓"，继续奉行与民休息政策，促进了社会经济的繁荣，但也产生了因工商业发展而导致谷贱伤农、大地主与大商人对农民侵夺加剧、阶级矛盾激化等社会问题。为了解决这些问题，晁错上疏论"守边备塞，劝农力本"之事，其中劝农部分就是著名的《论贵粟疏》。

晁错的文章全面阐述了"贵粟"思想及措施："方今之务，莫若使民务农而已矣。欲民务农，在于贵粟。贵粟之道，在于使民以粟为赏罚。今募天下入粟县官，得以拜爵，得以除罪。如此，富人有爵，农民有钱，粟有所渫。"他的"贵粟"思想及其实施措施，既保障了国家粮食供应，又发挥了劝农促农功能，对于经济发展具有促进作用。

需要注意的是，上述"贵粟"主张还离不开一个指导思想，即晁错所谓的"开其资财之道"。他在《论贵粟疏》开篇作了重点论述："圣王在上而民不冻饥者，非能耕而食之，织而衣之也，为开其资财之道也。"意思是说，古之圣贤治理天下，不能仅仅解决老百姓吃饭穿衣这样的基本生活问题，还要制定合理有效的政策，为老百姓开辟生财之道。所以晁错还说："民者，在上所以牧之，趋利如水走下，四方亡择也。夫珠玉金银，饥不可食，寒不可衣，然而众贵之者，以上用之故也。"民众受利益的驱动，必然会追逐财富，可是以怎样的手段得到怎样的财富，则要取决于最高统治者的政策引导。但汉初以来奉行的"无为"思想，导致工商业阶层"男不耕耘，女不蚕织，衣必文采，食必粱肉，亡农夫之苦，有仟伯之得。因其富厚，交通王侯，力过吏势，以利相倾"（《论贵粟疏》），造成了农民不得温饱、失地流亡的严重后果，威胁到政权的稳定。巩固政权和维护社会稳定的最好办法就是"务农贵粟""以粟为赏罚"，使百姓通过农业自行生财致富。

"贵粟"思想与"重农"思想一脉相承。中华文明属于典型的农耕文明，重农固本是历代统治者奉行的基本治国理念。商鞅提出重农抑商、奖励耕织，强调"国待农战而安，主待农战而尊"；陆贾首倡以"无为"治天下，推行重农、崇俭和轻徭薄赋三大政策；贾谊建议"今殴民而归之农，皆著于本，使天下各食其力，末技游食之民转而缘南亩"。这些对后世政治家产生了深远影响。实际上，晁错"贵粟"思想及其措施的提出，是与商鞅、陆贾、贾谊等人密不可分的。

《汉书·晁错传》曰："晁错，颍川人也。学申、商刑名于轵张恢生所，与雒阳宋孟及刘带同师。"又《商君书·君臣》曰："民之于利也，若水于下也，四旁无择也。"《论贵

粟疏》亦云："民者，在上所以牧之，趋利如水走下，四方亡择也。"说明晁错是认同商鞅思想的，而且在分析民众被利益驱动的问题时，与商鞅的观点和说法如出一辙。同时，晁错"贵粟"思想及措施的提出，又是建立在贾谊《论积贮疏》之上的。文帝"感谊言，始开籍田，躬耕以劝百姓"，晁错正是此时给文帝上书论"守边备塞，劝农力本"之事的。

晁错《论贵粟疏》继承了商鞅及其以后的重农政策、地著观念和减轻农民负担的思想，沿袭了汉以来陆贾的重农理念，与同时代的太傅贾谊交相呼应。当然，他不像商鞅的"农战"那样刻薄寡恩，也不像贾谊偏重政治的理想主义，而是注重重农政策的实用性，且提出了"贵粟""授爵""免罪"等具体办法，最终他的观点被汉文帝所采纳。

贵粟思想与重农思想，都源于古代农业社会之现实，又出于维护统治安全之需要。《管子·治国》明确提出："农事胜则入粟多，入粟多则国富，国富则安乡重家，安乡重家则虽变俗易习、欧众移民，至于杀之而民不恶也。此务粟之功也。"如果不重农则粟少，粟少就会百姓贫困，百姓贫困则会轻家易去，"易去则上令不能必行，上令不能必行则禁不能必止，禁不能必止则战不必胜、守不必固矣。夫令不必行，禁不必止，战不必胜，守不必固，命之曰寄生之君"。商鞅《商君书·农战》强调"国待农战而安，主待农战而尊"，并认为农民被束缚在土地上，则朴愚少诈、安土重居，容易被国家征发和驱使。

《吕氏春秋·士容论·上农》也曰："古先圣王之所

以导其民者，先务于农。民农非徒为地利也，贵其志也。民农则朴，朴则易用，易用则边境安，主位尊。""上农"就是要使民"务于农"，从而"贵其志"，达到"易用""边境安""主位尊"的目的。所以，无论是"贵粟"还是"尚农"，都具有浓烈的君主统治色彩，只有重视农业生产，保证粟谷的充足与丰裕，才可实现《管子·问》所说的"君臣之礼，父子之亲，覆育万人；官府之藏，强兵保国，城郭之险，外应四极，具取之地"，而这像天地之道一样，不可更易。

综上所述，受早期"重粟"与"重农"思想影响，又在所谓"开其资财之道"思想的指导下，晁错明确提出了"贵粟"思想及入粟拜官等措施。后来汉文帝采纳晁错建议，实行相应的经济政策，收到了不错的效果。从汉文帝至汉武帝几十年间，"国家无事，非遇水旱之灾，民则人给家足，都鄙廪庾皆满，而库府余货财。京师之钱累巨万，贯朽而不可校。太仓之粟陈陈相因，充溢露积于外，腐败不可食……"。后世政治家们继承了"贵粟"这一思想，强调重视粟谷的生产和积累，为确保粮食安全与社会稳定做出了不可磨灭的贡献。

"治粟内史""搜粟都尉"等官职设置及演变

中国很早就有专门管理粮食的官职，周代所谓"仓人""廪人"是也。《周礼·地官》对此有这样的记述，说仓人"掌粟入之藏，辨九谷之物，以待邦用。若谷不足，则止余

法用，有余则藏之，以待凶而颁之。凡国之大事，共道路之谷积、食饮之具"，即仓人是掌管谷物的贮积与备用的官员。

又云，廪人"掌九谷之数，以待国之匪颁、赒赐、稍食。以岁之上下数邦用，以知足否，以诏谷用，以治年之凶丰。凡万民之食食者，人四鬴，上也；人三鬴，中也；人二鬴，下也。若食不能人二鬴，则令邦移民就谷，诏王杀邦用。凡邦有会同、师、役之事，则治其粮与其食。大祭祀，则共其接盛"，即廪人是掌管九谷收藏及颁发配给的官员。春秋战国时期继续沿置。

进入秦朝，又出现了"治粟内史""搜粟都尉"等官职，大概由于与匈奴战争和名人相关，故而史书中常有提及。《汉书·百官公卿表》曰："治粟内史，秦官，掌谷货，有两丞。"至于其他属官，可考者有太仓令丞（唐代杜佑《通典》卷二十六《职官八》）和平准令；又据《睡虎地秦墓竹简》记载，有"内史课县"（《厩苑律》），"人禾稼、刍稿，辄为映籍，上内史"（《仓律》）等之说，"治粟内史"之职大概由此发展而来。

汉承秦制，据《汉书·百官公卿表》记述："景帝后元年更名大农令，武帝太初元年更名大司农。属官有太仓、均输、平准、都内、籍田五令丞，斡官、铁市两长丞。又郡国诸仓农监、都水六十五官长丞皆属焉。"大司农位列九卿之一，负责征发钱粮、蠲免租税、国家用度以及管理粮仓、水利和官田诸事。后来，武帝还实行盐铁官营、榷酒酤、均输、平准等经济政策。

西汉以降，管理粮仓的官职历代多有沿袭，但几易其名。王莽新朝先改称羲和，后又作纳言。东汉称大司农卿，献帝建安（196—219年）中改为大农。魏文帝黄初元年（220年）又更名司农。晋、南北朝时多沿用此名，北齐时称作司农寺卿。隋唐以后所置略同，唐高宗时改司农为司稼，旋复用旧名。北宋初，司农寺置判寺事二人、主簿一人；神宗改革官制，置卿、少卿、丞、主簿各一人。金、元时置大司农司，掌农桑、水利、学校、救荒等事，并曾改称为务农司或司农寺。明初尚置司农司，不久将其职并入户部，自此大司农一职便废。清不置，而以户部主管钱粮、田赋，因此后世也称户部尚书为大司农。

搜粟都尉，汉武帝置，属大司农，职掌农耕、屯田、筹措军粮等事。武帝时上官桀、桑弘羊、赵过及昭帝时杨敞都曾担任过这个职务。其中，以赵过为代表，为西汉乃至整个古代农业的发展做出了突出贡献。

《汉书·食货志》曰：

武帝末年，悔征伐之事，乃封丞相为富民侯。下诏曰："方今之务，在于力农。"以赵过为搜粟都尉。过能为代田，一亩三圳。岁代处，故曰代田，古法也……其耕耘下种田器，皆有便巧。率十二夫为田一井一屋，故亩五顷，用耦犁，二牛三人，一岁之收常过缦田亩一斛以上，善者倍之。过使教田太常、三辅，大农置工巧奴与从事，为作田器……率多人者田日三十亩，少者十三亩，以故田多垦辟。……令命家田三辅公田，又教边郡及居延城。是后边城、河东、弘农、三辅、太常民皆便代田，用力少而得谷多。

又，东汉崔寔《政论》曰：

武帝以赵过为搜粟都尉，教民耕殖。其法：三犁共一牛，一人将之，下种挽耧，皆取备焉。日种一顷，至今三辅犹赖其利。

由此，赵过在任内的贡献可以归纳为三点：一是推行代田法，二是教民耦犁，三是发明三脚耧。代田法，就是每步分三圳，每圳广一尺，深一尺，三圳每年轮换一次，实质上就是在同一块田里进行垄沟互换种植作物的一种轮休耕作技术。耦犁，就是由二牛合犋牵引、三人操作的一种耕犁，可调节耕地深浅，连耕带培垄，一次完成。三脚耧，即三角耧车，集开沟、下种、覆盖泥土三道工序于一体，可以同时播种三行，且行距整齐、下种均匀，大大提高了播种的效率和质量。

作为一名搜粟都尉，赵过的家世和个人经历方面的相关记载很少，但是他在农业生产动力、技术和工具三个方面的创造和贡献，促进了农业、经济和社会的发展，帮助农民在一定程度上减轻了负担。这也使他成为著名的农学家，而被载于史册。由他试验示范的代田法，用力少而得谷多，曾推广至今天的河套地区、宁夏、甘肃西北部、关中地区、山西西南部以及河南西部等广大地区。乃至近现代以来，"垄变为沟，沟变为垄"也是非常通行的耕作之法。至于挽犁共耕和三脚耧车，直到今天，有些地方仍在使用。可谓厥功至伟，泽被久远。

如前所述，搜粟都尉并不常置。至于为什么要设这样的官职，南宋吴仁杰《两汉刊误补遗》说"所谓搜粟者，以其职掌太常、三辅食马之粟耳"，应是汉武帝因征伐四方之需而增设的职掌军马饲料的武官。自汉以降，史书中并无搜粟都尉的任职记录，故学界多以为此后便废置不行。

不过，唐代石刻新史料的发现，为我们了解此职在汉以后的踪迹提供了可能。《唐上骑都尉高君神道碑》提到"咸亨三年春，奉敕于河阳检校水运使、搜粟都尉、河堤使者"，"引红粟于淮海，泛归舟于秦晋"。"淮海"指扬州，说的是高则（即高君）曾经出任过搜粟都尉，负责从扬州调运粮食至关中。因此，与汉代相比较，搜粟都尉在唐代已非司农寺属官，而只是临时之使职。可以说，又回归了此职设立的初衷。不过这时针对的对象有所改变，主要是为解决灾后关中的缺粮问题而设置的。

总之，设置像"治粟内史""搜粟都尉"这些与粮食有关的官职，反映了秦汉隋唐时期粟谷的重要性，也体现了农业

对古代官僚体制的影响。受这种官职文化的影响潜移默化，遂有以官职为姓氏者之说，宋代郑樵《通志·氏族略》云"汉有治粟都尉（当为'治搜粟都尉'之误），因以为氏"，生生不息。其中较为出众的，如三国魏郡太守粟举、北宋南雄太守粟大用、明户部尚书粟恕等。

从"回洛仓""含嘉仓"看朝廷的"积粟"储备

我国储备粮食的习惯，有着近万年的漫长历史。早在新石器时代，我们的先民为了生存和繁衍的需要，往往用陶罐、窖穴等储备粟谷，甚至发明了地上仓房。进入商周以后，还设有专门的官职来管理储备的粮食，《周礼·地官》所谓"仓人，掌粟入之藏"，"廪人，掌九谷之数"，便是如此。"夫积贮者，天下之大命也"（贾谊《论积贮疏》），历朝历代，无不奉为圭臬，因而重农业，兴水利，大修粮仓，广积粮谷。

从春秋战国时期至魏晋时期，人们为储备粮食而建的粮仓类型越来越多样，如按级别属性，可以分为中央仓（如太仓）、郡仓、县仓和私人仓；按功能区别，则有常平仓、转运仓以及"以是起富"的商业粮仓；按形状不同，又可分为圆形仓、椭圆形仓、方形仓、长方形仓；按空间结构，可分为平房仓、楼房仓、干栏式仓、露天仓等。

与此同时，如前文所论治粟内史、大司农等中央级的仓储管理机构，也都配有属官，承袭发展。历朝的太仓均置太仓令、丞或太仓署令，郡县以下，设有仓曹掾、史和县令、长，各仓则设有仓长（仓宰）或仓丞、仓承、仓令史、仓佐、仓曹、仓监。粮仓的入仓、出仓以及账簿、人员管理等，皆有非常明确而具体的规定，如违背规定就要受到处罚。

隋唐时期，我国的粮食储备已具宏大规模，发展到了一个更加成熟的阶段。仓库种类设置趋于完善，军仓、义仓、惠民仓、广惠仓等新的仓种出现，形成了一个细致周密的仓廪系统，分工更为明确。广置仓窖是这个时期的突出特点，所谓"资储遍于天下"是也。统计资料显示，唐天宝八载（749年），北仓、太仓、含嘉仓、永丰仓、太原仓、龙门仓等六大粮仓就储粮12656620石，常平仓储粮4602220石，义仓储粮63177660石。一处粮仓储粮多者千万石，少者不减数百万石，数量之巨，可见一斑。

这一时期还有一个非常显著的特点，即不少大型粮仓自成体系，往往就是一座仓城，著名的"回洛仓""含嘉仓"便是典型代表。两仓都属于隋朝大业年间（605—617年）由隋炀帝修建东都洛阳时所筑造的国家粮仓，主要功能是为城内的皇室和百姓供应粮食。其中，回洛仓位于今河南省洛阳市瀍河回族区小李村西，《资治通鉴》说"仓城周回十里，穿三百窖"，于隋末大业十三年（617年）被瓦岗军攻破；含嘉仓则位于今隋唐洛阳城遗址公园东北方，唐代继续使用，故亦称隋唐含嘉仓，直到北宋南迁后才完全废弃。

回洛仓，根据《隋书·食货志》的记载："炀帝即位……

始建东都，以尚书令杨素为营作大监，每月役丁二百万人。徙洛州郭内人及天下诸州富商大贾数万家，以实之。新置兴洛及回洛仓。"根据考古发掘，在其中一个仓窖内出土了一块"大业元年"的铭文残砖，证实了文献记载的可靠性。回洛仓城呈长方形，东西长1000米，南北宽355米，由管理区、仓窖区、道路和漕渠等几部分组成。仓窖成组分布，整齐排列。在已完成的考古钻探约8万平方米的范围内，可以确定的仓窖数量达到了220座，推测整个仓城仓窖的数量在700座左右，远超文献记载中的数量，可谓气势恢宏。

回洛仓内各个仓窖的大小基本一致，形制结构相同，均呈口大底小的圆缸形。窖口内径约10米，外径约17米，深约10米，规模巨大。每个仓窖可以储存约25万千克粮食，整个仓城可以储粮1.75亿千克。至于仓窖本身，窖壁和窖底均经过修整和夯打，并涂抹了一层经火烧硬化处理、呈红褐色的厚20～25厘米的青膏泥。仓窖底堆积自下而上为青膏泥、木板、苇席三层。

含嘉仓，是隋朝时期在洛阳修建的国家粮仓。后来，作为中国大运河的重要遗存，含嘉仓还于2014年成功入选《世界遗产名录》。根据考古发掘，曾在19号仓的仓窖底部发现一块铭砖，上面有10行文字。铭文不仅记录了这座仓窖的位置，而且还有粮食来源、入窖日期、仓吏姓名等信息。更为关键的是，铭文前面还有"含嘉仓"三个字，令人惊喜。

根据《通典·食货典》的记载，含嘉仓在唐天宝八载（749年）储粮达"五百八十三万三千四百石"，以粟谷和稻谷为

主，几乎占到全国储粮总数的一半。又由于洛阳是大运河的起点，常年舳舻相继，百舸争流，南粮北运的船只甚至会堵塞河道，因此，洛阳一度被称为"天下第一粮仓"。显然，以含嘉仓为代表的国家粮食的存储，不仅仅显示着一个皇朝的国力，更容纳着一个皇朝气吞天下的雄心，彰显了泱泱中华雄厚的物质资产。对此，杜甫曾在其《忆昔》诗中有过这样的描述："忆昔开元全盛日，小邑犹藏万家室。稻米流脂粟米白，公私仓廪俱丰实。"盛世繁华景象，跃然纸上。

含嘉仓储粮的主要时段为唐高宗、武则天和唐玄宗时期，粮食来源有苏州、徐州、邢州、冀州、德州、濮州、魏州、沧州、楚州、滁州、隋州等地。储粮的范围，南起太湖流域，北至渤海湾，地域广阔。发掘的整个含嘉仓群，东西长约600米，南北宽约700米，四周有城墙，总面积达43万平方米，内建大小粮窖400余座，现已探出278个，窖穴口径8～18米，深5～12米，口大底小。所有的粮窖东西成排、南北成行，排列有序，蔚为壮观。

含嘉仓的仓窖形制结构，大概与回洛仓相似。一般的仓窖都在地下，建造时，首先从地面向下挖一个口大底小的圆缸形土窖，把窖壁和底部夯打坚实，使其非常平整、光洁；之后再用火将窖壁烧焦烤燥，以防止水分、湿气渗透；然后在窖底铺设一层杂有黑灰色混合物的红烧土碎块层，在窖壁下半截涂上一层类似沥青的黏液，在窖壁内再铺一层2～3厘米厚的木板并衬以草席和谷糠，在仓口处敷上约50厘米厚的谷糠，糠上再盖上席子；最后再用泥土封闭窑口，整个仓窖的外形如圆锥体状。

这样的营造方法与结构都非常科学，能够起到防潮、防腐和防火的功能，且地下温度较低、温度变化幅度不大，因此可以很好地保存谷物。例如，在已经发掘的仓窖中，160号窖就保存了大半窖碳化的谷子。据推算，这堆碳化物原来的体积应与窖的体积大体一致，总重约25万千克。虽然这些粟谷在地下沉睡了1300余年，大部分已经变质，但其颗粒依然清晰可辨，并含有大量有机物，令人惊叹。

另据史载，唐显庆二年（657年）复置东都含嘉仓，作用等同太仓，由司农寺丞兼知仓事；至玄宗，含嘉仓除供皇室、百司用粮外，部分贮粮被转运至长安，改由出纳使管理。在含嘉仓刻字铭砖上，仓名、窖址，贮粮来源、性质、品种、数量、入窖日期以及缴纳、受纳官员职衔、姓名等皆记载清楚，反映了当时粮食储备的制度化、科学化。

"民以食为天"，粮食是关系民计民生、国家安危的大事，唐太宗李世民也说"国以民为本，人以食为命，若禾黍不登，则兆庶非国家所有"（《贞观政要·务农》）。只有做好粮食的储备工作，才能安抚民心，维护社会的安定。以回洛仓、含嘉仓为代表的粮食储备情况，反映了隋唐社会的农业、经济发展水平，也折射出了当时的军事和漕运信息、建筑与防潮技艺以及粮食管理制度等。

需要指出的是，古代社会的积粟储备，恐怕并不完全为民计，根本目的还是在于维护朝廷统治。《农桑通诀·蓄积篇》云："商王钜桥之粟，隋人洛口之仓，所积虽多，岂先王预备忧民之意哉？"实际上就是"彼有损下以自益，剥民以自丰"，甚至是藏富于国，以达到君王长治久安之目的。

当然，为了笼络人心或是应对危机，特别是在凶年，统治者也常会出粜或直接赈济百姓。例如，《唐要会》卷八十八就记载："（元和）六年二月制。如闻京畿之内，旧谷已尽，宿麦未登，宜以常平、义仓粟二十四万石贷借百姓。"《旧唐书·食货志》亦载："是岁（贞元十四年）冬，河南府谷贵人流，令以含嘉仓粟七万石出粜。"虽然我们对当时仓储粮食和人口数量不清楚，也不管统治者是出于什么样的动机，但古代上自朝廷、下到地方官府，重视粟谷储备是不争之事实，而且还建立了一整套的储备及管理体系，以保证粮食供应的及时和充足，这些对维持社会稳定具有重要现实意义。

以黍粟为主的兵资与官俸耗用

我们说，封建王朝储备粮食的本质在于维持统治稳定，因此储备多并不一定代表百姓就很富足。所谓"天下财赋耗敦大者唯二事：一兵资，二官俸，自它费十不当二者一"（《新唐书·沈既济传》），古代财政的最大耗用是军队给养和官员俸禄，因为军队和官僚才是保护统治集团利益的最直接、最有效的工具。当然，这种财政支出中除了布帛和货币以外，最主要的就是以黍粟为代表的粮食了，其中包括运输损耗以及专供皇亲国戚消费的部分。

众所周知，不管是在什么朝代，军队规模与粮食耗用的数量都是巨大的，主要涉及日常食用、军马饲料与运输损耗等。以秦朝为例，当时实行郡县普遍征兵制，规定17～56岁的男子都要服兵役两年，分正卒（守咸阳）、戍卒（守边疆）和更卒（在本郡县服兵役一个月）三种，秦朝总兵力在140万人以上。我们不确定那时一个士兵的口粮是多少，但汉承秦制，根据对居延汉简的解读，西汉平均每人每月的用谷量大概是2.66石，如果以此参照，那么，140万以上的士兵每年消耗掉的粟谷则至少在4468.8万石。

至于军马吃掉的粮食，数量同样非常惊人。在汉代，为了保证战马充沛的体力，给马添加的精饲料就是粟谷。根据《盐铁论·散不足》的记载，"一马伏枥，当中家六口之食，亡丁男一人"，意思是一匹战马就要吃掉至少六个人的口粮。汉武帝时期，全国拥有的军马就有40万匹，耗费的粮食之巨，可想而知。

唐代的情况同样如此。根据《太白阴经》及《吐鲁番出土文书》等相关资料，军士食粮标准为一年食粟12.2石；军马中战马与驮马粮料标准不同，战马为日食粟5升，一年食粟18石；驮马少于战马，年食粟为5.4石。以此标准估算，开元时北衙禁军与南衙卫兵共耗粟52.8万石；又估算天宝元年（742年）天下边兵48.69万，年食粟共594.02万石；战马8.11万匹，年食粟共145.98万石；驮马29.4万匹，年食粟共158.76万石；全国边军战马、驮马共食粟304.74万石。以上相加，唐朝京师禁军、卫兵与地方军队每年用粮总计951.56万石（唐与汉的石不同）。如前述天宝八载（749年），北仓、太仓、含嘉仓、永丰仓、太原仓和龙门仓六大粮仓的储备约是1266万石，简单比较，便可见消耗之巨大。当然，关于古代军粮供应的标准，学界尚存在不同的意见，但这并不影响对于军队耗用粟谷巨大结果的判断。

军队日常耗用粟谷的数量本已巨大，一旦有战事发生，则粟谷的耗用量更是超出想象。如秦惠文王七年，司马错率巴蜀兵10万人伐楚，就曾动用大船万艘，运粮600万斛（《华阳国志·蜀志》）；汉李广利二伐大宛，步骑六万，后勤为"牛十万，马三万匹，驴、橐驼以万数赍粮"（《汉书·李广利传》）。诸如此类，史书中屡见不鲜，这样大的耗用可能主要与运输损耗有关。战时需要转输大批的粮食，这些粮食多从全国各地调拨而来。如秦始皇二十二年（前225年）"使蒙恬将兵而攻胡"，在河套以南地区置四十四县，以河为塞，遣兵戍守，徙民实边，"发天下丁男以守北河"。然而这一带地多沼津而咸卤，不生五谷，又因关中粮食有限，军粮的供给主要从关东运输，不得已又"使天下飞刍挽粟"。有的甚至远取于滨海的黄（今山东龙口）、腄（今山东烟台福山区）和琅邪（今山东青岛黄岛区）等富饶的产粮地区，转输北河，运输线长达数千里。

粮草转输是后勤保障的主要内容，对战争的顺利进行至关重要，但转输过程中的损耗也是巨大的。如上述秦始皇北击匈奴，粟谷转输"率三十钟而致一石"，一钟相当六斛（石）四斗，三十钟等于一百九十二斛，也就是说，从今山东将粮食运到河套，有效输送量只有0.5%。即使从关东等其他地区转输相对便捷，估计实际有效输送量也只有1%～2%。对于生活在现代运输便利环境下的人来说，很难想象当时粮食运输的艰难之状。因此，每一次大规模的战争实质上都会耗费大量民脂民膏，给百姓带来巨大的经济负担。

战争对粮食的消耗是巨大的，如果供给不足，就会带来灾难性的后果，正如《孙子兵法·军争篇》所说，"军无辎重则亡，无粮食则亡，无委积则亡"。而且有时候，粮食是否充足不仅关系到一场战争的成败，甚至还会决定一个王朝的存亡。因此，针对军粮问题，历代一直都在积极寻找解决办法，除了通过转输这条途径，还有不少朝代让军队戍边屯田，以便实现自给自足。还有一种办法，那就是《孙子兵法·作战篇》所说的"故智将务食于敌，食敌一钟，当吾二十钟；萁秆一石，当吾二十石"，就是从敌军那里直接夺取粮食，取对方一石，相当于自己运送二十石，省去了很多中间运输及筹粮的环节，结果更为有效。

当然，夺取对方的粮食并不容易，战争中更多的是直接焚毁。比如，武帝元狩四年（前119年），汉朝和匈奴爆发了著名的漠北之战，卫青一路歼敌万余，"遂至窴颜山赵信城，得匈奴积粟食军。军留一日而还，悉烧其城余粟以归"（《史记·卫将军骠骑列传》），汉军不仅歼灭了左贤王的所有士兵，俘获百万匹牛羊牲口，更将其存储的粮食尽数焚毁，可以

说彻底摧毁了对方的根基，此后匈奴再无回天之力。

作为最主要的粮食和财富象征，黍粟一般还被用作官吏的俸禄。在中国古代的阶级社会里，君主（奴隶主、国王或皇帝）是最高统治者，君主以下又依附大量的皇亲国戚，他们共同构成了整个上层社会的统治阶级。这些人的生活不同于一般百姓，每年耗用粮食的数量相当可观。除此之外，历代还有众多的官僚机构及官吏，如据《汉书·百官公卿表》记载，西汉时"吏员自佐史至丞相，十三万二百八十五人"，东汉时"右内外文武官七千五百六十七人，内外诸色职掌人一十四万五千四百一十九人"（杜佑《通典》卷三十六《职官十八》），其中还不包括各类小吏，规模庞大，每年的粟谷俸禄当然是一笔巨额支出。以《通典》卷三十五《职官十七》所载唐代官俸为例：

> 贞观二年制，有上考者乃给禄。其后遂定给禄体之制：以民地租充之。京官正一品，七百石。从一品，六百石。正二品，五百石。从二品，四百六十石。正三品，四百石。从三品，三百六十石。正四品，三百石。从四品，二百六十石。正五品，二百石。从五品，一百六十石。正六品，一百石。从六品，九十石。正七品，八十石。从七品，七十石。正八品，六十七石。从八品，六十二石。正九品，五十七石。从九品，五十二石。诸给禄者，三师、三公及太子三师、三少，若在京国诸司文武

职事九品以上并左右千牛备身左右、太子千牛，并以官
给。其春夏二季春给，秋冬二季秋给。凡京文武官每岁给
禄，总一十五万一千五百三十三石二斗。自至德之后不
给。其在外文武官九品以上准官皆降京官一等给，其文武
官在京长上者则不降。诸给禄应降等者，正从一品各以
五十石为一等，二品三品皆以三十石为一等，四品五品皆
以二十石为一等，六品七品皆以五石为一等，八品九品皆
以二石五斗为一等。

据此统计，这里的官员、胥吏用粮，再加上递粮、官奴婢
用粮，总数庞大。当然，由于一些部门和人员用粮根本无法计
算，实际数字肯定与此出入很大。但不管怎么说，这些官员的
俸禄终归来自农业的产出——粮食，粮食时刻考验着一个国家
的财政支付能力。

"黍粟万石"陶仓墓葬文化的盛行

墓葬在人类文明史上属于一种特殊的文化行为和现象，目
的不仅在于安放死者，更是彰显其生前身份、地位、家庭等的
重要形式，可谓"阴阳相连"。不仅如此，墓葬还能反映一定
时期政治、经济、艺术、宗教、信仰等多方面内容，具有重要
的历史价值和文化价值。中国的墓葬，几乎伴随着中华文明的
诞生而同步发展，是国人心灵情感的寄托，其中涉及的各种随

葬物品，也是当时文化的物质载体，类型多样，精彩纷呈，可以帮助我们一睹古人的往事风采。

粮食，历来都是中国墓葬的重要内容。唐之前的粮食以黍粟为主，大部分存放在陶仓类储存明器①之中，特别是汉代常以"黍万石""粟万石"等字样予以标识。以洛阳地区发掘的汉墓为例，涧滨出土陶仓M2：1、M2：9外壁分别朱书"黍万石""粟万石"，烧沟出土陶仓M82：62外壁粉书"黍米"、金M1：34外壁朱书"黍粟万石"，铁门出土陶仓M15：3、M15：12外壁分别写有"黍""粟"，西郊出土陶仓M3227：35、M3227：42、M3227：72外壁分别粉书"黑黍万石""白米粟万石""白黍米万石"，金谷园出土陶仓IM337：71外壁朱书"黍万石"、M11：220外壁粉书"黍粟百石"，邮电局出土陶仓IM372：56、IM372：57外壁分别朱书"黍米万石"，五女冢出土陶仓HM267：57、HM267：58外壁分别朱书"黍""粱粟"，壁画墓M61出土陶仓外壁粉书"黍种"，高新技术开发区GM646出土陶仓外壁粉书"黍百石"，春都花园小区IM2354出土陶仓外壁粉书"黄粱粟万石""白粱粟万石"等。由此可见，陶仓墓葬文化是一种比较常见的文化现象。再以其他地区为例，在陕西西安三兆M3西汉晚期墓葬中，出土了5件陶仓，带酱黄釉，有墨书题记，分别为"粟一京""黍粟一京"。京，数词。十亿为兆，十兆为京，京表示的数量之巨，

① 明器，即冥器，指古人下葬时带入地下的随葬器物。

让人惊叹。

以上类似的考古发现，还有很多。可以说，这种带有"黍万石""粟万石""黍粟万石"等字样的陶仓墓葬文化在秦汉时期非常流行。所谓"事死如生，事亡如存"，墓主人拥有陶仓数量的多寡，是一种财富的象征，能够彰显墓主人生前的社会地位和身份，也表达了生者对亡者阴间生活的一种期冀，亦如人间烟火，生者希望亡者可以衣食无忧，温饱富足。

陶仓作为明器最早发现于春秋战国时期，进入西汉以后逐渐增多，到了东汉已是十分常见，规模也由单体的筒形或平房形向多体的楼阁形转变，有的甚至可以达到六七层，并设有斗拱、楼梯、栏杆等，结构复杂、纹饰精美。1993年，河南焦作白庄6号墓出土了一件七层连阁式彩绘陶仓楼，整个建筑由院落、楼阁、走廊和复道四部分组合。主楼高192厘米，面阔168厘米，附属建筑为仓楼，高四层，是同类墓葬储存器中的杰出代表，技术精湛，雄伟壮观。这些陶仓明器的大量出现，生动地反映了古代人们重视农业经济，期盼仓廪充盈、生活富裕的基本史实。

当然，还有一些不同的墓葬粮食储存形式，作为陶仓类明器的补充。例如，在湖北江陵凤凰山167号西汉初年墓葬中，出土了5个小绢袋，以绢带束口并缚有木牌，其中2件绢袋的木牌上分别写有"粢秫二石""粢粺米二石"，袋内装的是粟谷。再有，2020年在西安发现的一座西汉晚期墓葬M553耳室中，出土了盛装粮食的束口布袋，从中提取的粮食样品被专家鉴定为黍、粟和大麻三种。另外，口袋上部还放置着草席，其外部红色带状织物捆扎呈"丰"字形。据初步推测，该墓葬应当与同时期的杜陵有密切关系，墓主人很有可能是生前居住在杜陵邑内的贵族或官吏。

需要指出的是，陶仓明器配有"黍粟万石"等字样的墓葬制度和现象，具有一定的时代性。大概自西汉开始，经过百余年的发展，至东汉早期达到顶峰，东汉中期以后，受各种因素的影响，这一传统开始走向衰落并最终消亡。当然，汉代以后，墓葬中仍会有陶仓、奁、方盒、罐等明器，但基本不会带有"粟万石""黍万石"等字样。或许，它已经发展成为另外一种形式。例如，我们在韦洞墓志①中看到了一则"赗物□千段，米粟五百石"的记载，这个数量远超出对最高一品官"赗物二百段，粟二百石"（《通典》卷八十六《凶礼八》）的规定，足见当时丧事规格非同一般。因此，与前朝相比，隋唐时期对粮食随葬制度仍然重视，但方式可能有所不同。

"乐律累黍"形成和对度量衡的贡献

黍和粟作为我国最早驯化的粮食作物，与农耕、饮食、祭祀、礼仪、官职、仓储、墓葬等各种文化紧密地联系在一起。

---

① 韦洞墓志，唐中宗景龙二年（708年）刻。刘宪撰，无书人姓名。其中，楷书四十三行，行四十二字。盖篆书题"大唐赠并州大都督淮阳王韦君墓志铭"十六字。

但绝大部分人并不了解另一个历史，即黍和粟还与古代的乐律和度量衡标准有着不解之缘。

我国乐律的历史非常久远，根据《吕氏春秋·仲夏纪·古乐》的记载，传说"黄帝令伶伦作为律"，伶伦在嶰溪之谷截取良竹，以其声为黄钟之宫，又做十二筒，按凤凰的鸣叫声定为十二律，"黄钟之宫，律吕之本"。至于黄钟，就是十二律中六种阳律的第一律，声调最为宏大响亮，在宫、商、角、徵、羽五音之中，宫属中央黄钟。因此，这里文献内容用通俗语言解释，实际上就是用一种比较特殊的竹子，做成音律管，并以一种音频稳定、声音优美的鸟叫声作为基本律，当律管吹出来的声音与这种鸟叫声相合时，就把这一基准音定为黄钟之律。这种律管因此也叫黄钟管，又可简称黄钟。

我们知道，律管所发出的声音，是由律管本身固有频率决定的。如果口径不变，频率与管长就有一定的关系，管子长，声音就低；频率增加一倍，音调就提高一个八度。因此，如果要做一支具有一定频率的律管，首先就要确定一个稳定的标准。这就需要找到准确的长度计量基准作参照，但实际上找到准确的长度计量基准并不容易，是经历了长期的探索过程的。

人们在很早的时候，经过生产和生活实践，常常依靠自身的眼睛、手、脚等某一部位，去判断、衡量客观事物的长度。例如，《大戴礼记·主言》有云"布指知寸，布手知尺，舒肘知寻，十寻而索"，意思是说，中指节上一横纹，叫一寸；拇指同中指一又相距为一尺；两臂伸长，叫一寻。又秦国商鞅规定"举足为跬，倍跬为步"，即单脚迈出一次为"跬"，双脚相继迈出为"步"。还有《榖梁传·宣公十五年》说"三百步为里"，《说文解字·禾部》曰"十发为程，十程为分，十分为寸"。它们曾被当作长度计量基准，虽因人而有所差异，但仍广泛使用，流传甚久。

对于黄钟而言，古人则经过甄选，发明了累黍定律之法，又称"乐律累黍"，即以累黍定尺，且与黄钟律管互为参校。这一创造被记载于《汉书·律历志》中："度者，分、寸、尺、丈、引也，所以度长短也。本起黄钟之长，以子谷秬黍中者，一黍之广，度之九十分，黄钟之长。一为一分，十分为寸，十寸为尺，十尺为丈，十丈为引，而五度审矣。"这里多采用的黍是一种特殊的品种——秬黍，以秬黍粒作为长度计量基准，1粒黍为1分，10粒为1寸，10寸为1尺，10尺为1丈。通过这一长度计量基准，确定黄钟律管的长度为9寸，孔径为3分。此黄钟律管发出来的音即为黄钟宫音。

考古发现也证实了文献记载的真实性。在我国南昌著名的汉代海昏侯墓葬中，就出土了两件玉质律管，上面均有黑沁，一件稍粗，一件稍细。其中，稍粗的一件玉管目测长度为20厘米，约合汉代的9寸；稍细的一件目测长度为18厘米，约合汉代的8寸半。推测前者为黄钟律管，后者实际长度应是8.42寸，为大吕律管。

在中国文化史上，音乐占据着非常重要的地位。在国家层面，周公以礼乐制度匡定天下；于个人而言，音乐则是仅次于礼的最重要的素养。音乐确为古代治国理政、伦理道德修养体系中不可或缺的组成部分。古代乐律学家特别强调乐律的起始音黄钟，把它视作大器之乐、国家兴亡的象征；还认为黄钟乃中和之音，是宫廷音乐中的主旋律，并将之称作雅学。历代国家音乐机构皆由"大司乐""大师""太常卿""太常博士""协律都尉"等高官担任乐官之长，大凡遇到乐律重大问题或有根本性的改革动议，则要召集众部门主管官员共议学律制度损益得失，有的君王还要参与审定黄钟的音高和律尺的长度。例如，清代康熙皇帝就亲自做过这样的事情，对此后世学者还给予了高度的评价："以纵累百黍之尺为'营造尺'，是为清代营造尺之始，举凡升斗之容积，法马（砝码）之轻重，皆以营造尺之寸法定之……沿用数百年，民间安之若素，其考订之功，可谓宏伟。"（吴承洛《中国度量衡史》）认可了康熙皇帝的"累黍定尺"考订度量衡实践活动，认为他推动了清朝度量衡科学的发展，促进了度量衡的进步。

实际上，"乐律累黍"的起源甚早，《尚书·舜典》中已有"同律度量衡"之语，孔安国传云"律者，侯气之管，度量衡三者法制皆起于律"，可见度量衡之制也始于黄钟之律。但具体的标准说法不一，不尽详备。直到我国有关度量衡的最早详细专论——《汉书·律历志》出现，后人方始一览全貌。西汉末年，王莽篡位，建新改制，给他的故友同僚、著名天文学家和律历学家刘歆提供一个了施展才能的机会。在王莽的支持下，刘歆"征天下通知钟律者百余人"，系统考订历代音律、度量衡，使

其更加规范化和条理化，整理成文，后被班固收入《汉书·律历志》。除了"度"，书中还有"量"和"权"的计量：

> 量者，龠、合、升、斗、斛也，所以量多少也。本起于黄钟之龠（按：一龠等于半合），用度数审其容，以子谷秬黍中者千有二百实其龠，以井水准其概。合龠为合，十合为升，十升为斗，十斗为斛，而五量嘉矣。

> 权者，铢、两、斤、钧、石也，所以称物平施，知轻重也。本起于黄钟之重，一龠容千二百黍，重十二铢，两之为两。二十四铢为两，十六两为斤，三十斤为钧，四钧为石。

在古代度量衡的三个计量中，长度值是用九十颗秬黍粒排列确定的，即所谓"累黍定尺"，并与黄钟律管的长度互为参校；容量值由黄钟律管的标准决定，一龠即一千二百粒秬黍的容量；重量值则由黄钟律管的标准决定，一铢即一百粒秬黍的重量。那么相对应的整个度量衡的标准就分别是：一粒黍为一分，十分为一寸，十寸为一尺，十尺为一丈，十丈为一引；一千二百粒黍为一龠，二龠为一合，十合为一升，十升为一斗；一百粒黍为一铢，六铢为一锱，十二铢或二锱为一龠，四锱或二龠为一两，十六两为一斤，三十斤为一钧，四钧为一石。可以说，度量衡与音律学互为参证是中国度量衡史的一大特点。

当然，不仅是黍，粟也参与了古代度量衡的标准确定。西汉《淮南子·天文训》有曰："秋分蔈定，蔈定而禾熟。律之数十二，故十二藁而当一粟，十二粟而当一寸……其以为量，十二粟而当一分，十二分而当一铢，十二铢而当半两。"高诱注"藁"为禾穗粟稃甲之芒。又成书在4～5世纪的《孙子算经》卷上云："量之所起，起于粟，六粟为圭，十圭为一撮，十撮为一抄，十抄为一勺，十勺为一合。"因此，粟同样可以作为长度、容量和重量的计算基准，虽然与黍相比，使用的频率并不高。

综上，累黍法是古人在乐律和度量衡标准上的一个天才设计，其本质在于用一个物种相对稳定的遗传特性作为标准参照。同时，黍便于储藏和携带，要比秦代所采用的青铜标准器度量衡的成本低得多，具有较强的便捷性。

不过，累黍或累粟定度量衡，本身也存在一些问题。《隋书·律历志》有曰："时有水旱之差，地有肥瘠之异，取黍大小，未必得中。"后来的《宋史·律历志》也说："岁有丰俭，地有硗肥。就令一岁之中，一境之内，取以校验，亦复不齐。是盖天物之生，理难均一。"不管是黍还是粟，总有各种因素会导致谷粒大小不等。至于《汉书·律历志》中所谓"秬黍中者"，各家同样理解不一。孟康注曰："子北方，北方黑，谓黑黍也。"颜师古则说："此说非也，子谷犹言谷子耳，秬即黑黍，无取北方为号。"又说："中者，不大不小也。"《隋书·律历志》则以"上党羊头山黍"为标准，"依《汉书·律历志》度之"，认为效果较为理想。段玉裁还对黍、粟做过比较验证，认为"粟轻于黍远甚"，以粟定分不太符合实际。

只存在了短短十五年的王莽新朝发明的累黍法在历史的长

河中似乎是昙花一现，但它继承了秦时统一度量衡的成果，并将其以文字形式传承了下来。又由于乐律与度量衡均难以实物流传标准，之后的朝代一直依据此法进行校准，此法依然被认为是确定度量衡标准的重要方法。为了验证累黍与度量衡基准的关系，历史上有些人甚至现当代专家学者万国鼎、丘光明、赵晓军等人都对黍谷进行过实测，结果与汉制基本接近，初步证实了文献记载的可靠性。

　　总之，"乐律累黍""累黍之法"虽然产生久远，但是它们是我们祖先数千年来智慧的结晶，其蕴含的科学性和经验性是经得起历史考验的。直到今天，诸如"不失累黍""不差累黍""得寸进尺""锱铢必较""一发千钧"等与度量衡相关的成语或典故，仍然活在我们的生活与文化中。

"悯农诗"典范的诞生及传扬

　　提起中国古代的"悯农诗"，大部分人都会立即想到"锄禾日当午，汗滴禾下土。谁知盘中餐，粒粒皆辛苦"。可以说此诗妇孺皆知，虽未收入《唐诗三百首》，却是脍炙人口。这首诗是《悯农》组诗的第二首，第一首则为："春种一粒粟，秋收万颗子。四海无闲田，农夫犹饿死。"第一首诗同样流行极广，在中国文学史上具有非常高的地位。在当代，更是入选义务教育教科书，家喻户晓。

　　我们首先来看《悯农》组诗第二首。前两句勾勒出了一幅夏季烈日当空、农夫挥汗劳作耘田的景象，近乎白描，淋漓尽致地展现出了农家劳作的艰辛，唤起读者内心最深切的情感与思想共鸣；紧接着后两句则是直抒胸臆，一粥一饭当思来之不易，并道出了诗人真挚的怜悯之情。整首诗通俗易懂、精简纯朴，既似歌谣又似俚语，却意蕴深远、饱含力量，读来真切感人。

再看第一首。前两句从"春种"到"秋收"，从"一粒粟"到"万颗子"，对仗工整，具体而巧妙，形象地描绘了丰收的喜悦，赞美了农民的劳动；后两句先是承接前两句，再现硕果遍地的景致和劳动人民的巨大创造力，进而笔锋一转，一句"农夫犹饿死"，以喜衬悲，更显凝重和沉痛，突出主题，发人深省。

粟为百姓常种之物，锄禾则是繁重的劳作工序，种粟、锄禾在古代农业社会的生产中均具有代表性意义。又古人说"种瓜得瓜，种豆得豆"，从春种到秋收，经历千辛万苦，本应充满期待和喜悦，但结果往往事与愿违。《悯农》选取了比较典型的生活细节和基本事实，向人们揭示了农家的基本生存状态，集中地刻画了当时社会的基本矛盾。该组诗虽只有短短的四十个字，风格却非常独特，语言通俗质朴，音节和谐明快，虚实结合，含义隽永，直击心灵，具有穿越时空之效，影响后世，流传千古。

正如其标题所反映的主旨，《悯农》代表了中国古代一种非常悠久的情怀与传统，即"悯农"，我们可将反映这类情怀的诗歌叫做"悯农诗"。"悯农诗"的历史，可追溯到《诗经》，以《豳风·七月》最为典型。《豳风·七月》是《诗经》中最长的一首叙事兼抒情诗，诗中记述了一年四季的劳作，凡春耕、秋收、冬藏、采桑、绩麻、缝衣、狩猎、建房、酿酒、劳役、宴飨，无所不包，描写了周代早期农业生产和劳动人民日常生活的各个方面。全诗按照时间顺序来描写农事活动，平铺直叙，娓娓动听，语言简朴，语调悲凉，真实反映了底层大众的困苦劳累和艰辛不易。另外，还有《伐檀》和《硕鼠》两篇，虽然意在讥讽，但行文之间无不透露出劳动人民对现实社会的不平与愤慨。

到魏晋南北朝时期，虽有反映劳动人民悲苦篇章的汉乐府诗，但创作"悯农诗"的作者寥寥无几。至于东晋田园诗人陶渊明和南朝诗人鲍照，尽管揭露了统治阶级的奢侈横暴，但"悯农"的主旨并不明显。直至安史之乱爆发，社会急剧动荡，政治黑暗，人民饱受苦难，以杜甫、王建、张籍、李绅、白居易、元稹、柳宗元、皮日休、聂夷中、杜荀鹤等为代表的一批文人才子，开始大量创作"悯农诗"。这些诗在思想和艺术上可与《诗经》相媲美，具有划时代意义。例如，和李绅同时代的大诗人白居易最有名的"悯农诗"《观刈麦》，具有独特的历史认知和美学价值：

田家少闲月，五月人倍忙。夜来南风起，小麦覆陇黄。妇姑荷箪食，童稚携壶浆。相随饷田去，丁壮在南冈。足蒸暑土气，背灼炎天光。力尽不知热，但惜夏日长。复有贫妇人，抱子在其旁。右手秉遗穗，左臂悬敝筐。听其相顾言，闻者为悲伤。家田输税尽，拾此充饥肠。今我何功德，曾不事农桑。吏禄三百石，岁晏有余粮。念此私自愧，尽日不能忘。

《观刈麦》是白居易任盩厔（今陕西省周至县）尉时有感于当地人民劳动艰辛、生活贫苦而作。整首作品通俗明快，内容简约，形象生动，立意深远。在这首诗中，白居易触景生情，置自身于情境之中，对比鲜明，所谓"唯歌生民病，愿得天子知"，手法巧妙委婉，用心良苦，表现出了一个传统文人和有良知的封建官吏的人本主义精神。

唐代之后的"悯农诗"延续不绝，如北宋王安石《郊行》："柔桑采尽绿阴稀，芦箔蚕成密茧肥。聊向村家问风俗，如何勤劳尚凶饥？"南宋杨万里《悯农》："稻云不雨不多黄，荞麦空花早着霜。已分忍饥度残岁，更堪岁里闰添长。"明代于谦《悯农》："无雨农怨咨，有雨农辛苦。农夫出门荷犁锄，村妇看家事缝补。可怜小女年十余，赤脚蓬头衣蓝缕。提筐朝出暮始归，青菜挑来半沾土。茅檐风急火难吹，旋爇山柴带根煮。夜归夫妇聊充饥，食罢相看泪如雨。泪如雨，将奈何。有口难论辛苦多，嗟尔县官当抚摩。"还有张耒、陆游、范成大、蒲松龄、郑板桥、龚自珍等人的代表佳作，同样载于史乘。

古代的"悯农诗"多正视现实，"直歌其事"，语言质朴，通俗易懂，极富生活气息，在思想内容和艺术表现手法上有异曲同工之妙，可谓发乎于情，关乎于民，深切表达了对劳动人民不幸遭遇的同情。"悯农诗"作者代有其人，但综观整个中国诗歌史，当以中晚唐时为最盛，其中不乏构思工巧、布局严整、形象鲜明、貌浅衷深、简而有味的富有审美价值的篇章。其基本美学特征，正可以"无含蓄而尽"概括言之，堪为典范。

说到《悯农》，不得不讲到这首诗的作者——李绅。李绅，江苏无锡人，字公垂，谥文肃。元和进士，宪宗时为左拾遗；穆宗时出为江西观察使，后改为户部侍郎；武宗时为中书侍郎、门下侍郎。与元稹、李德裕齐名，时称"三俊"。同白居易亦交游很密，为新乐府运动的参与者。关于李绅的经历和故事，历史上有不同的评述。

《旧唐书·李绅传》说"绅六岁而孤，母卢氏教以经义。绅形状眇小而精悍，能为歌诗。乡赋之年，讽诵多在人口"，"始以文艺节操进用，受顾禁中。后为朋党所挤，滨于祸患。赖正人匡救，得以功名始终"。又《新唐书·李绅传》曰："开成初，郑覃以绅为河南尹。河南多恶少，或危帽散衣，击大毬，户官道，车马不敢前。绅治刚严，皆望风遁去。"显然，在正史的记载里，李绅年少以诗扬名，后举进士入仕途，官拜宰相，为政清廉，关心人民疾苦，是一个比较正面的形象。

对此，李绅自己也说在唐大和八年（834年）调离浙江时，"越人父老男女数万，携壶觞至江津相送"，非常感叹，便写下了诗句"海隅布政惭期月，江上霜巾愧万人"（《宿越州天王寺》）。又在赴任苏州时，"吴人以恤灾之惠"，"相率拜泣于舟楫前"（《却到浙西》序），可见李绅深受百姓爱戴。

不过，关于李绅的为人另有版本。唐人孟棨所撰《本事诗》就讲到了这样的故事："刘尚书禹锡罢和州，为主客郎中、集贤学士。李司空罢镇在京，慕刘名，尝邀至第中，厚设饮馔。酒酣，命妙妓歌以送之。刘于席上赋诗曰：'髫鬟梳头宫样妆，春风一曲杜韦娘。司空见惯浑闲事，断尽江南刺史肠。'李因以妓赠之。"于是，李绅生活穷奢极欲的说法被传播开来，且后人还以此典故指代事物常见、不足为奇。自此，李绅的名声遭遇冰火两重天，"司空见惯"这一成语竟成他的标签，有"蜕化变质"之意。更有甚者，唐末范摅所撰《云溪友议》说李绅不仅侈靡，而且无情无义、滥施淫威，是个腐化堕落的人。

当然，这两则故事皆出自记载开元以后异闻野史的笔记体小说，可信度大打折扣。是真有其事，还是以讹传讹？这或许与"绅治刚严"、卷入"牛李党争"有关。《旧唐书·李绅传》载其牵涉"吴湘案"，"及德裕罢相，群怨方构，湘兄进士汝纳，诣阙诉冤，言'绅在淮南恃德裕之势，枉杀臣弟'。德裕既贬，绅亦追削三任官告"，祸及子孙，令人痛心。个中原因，不得其解。如若属实，则可谓造化弄人，令人唏嘘。

历史的迷雾总是若隐若现，难以拨开，我们不若抛开过往的争执，明心见性。在群星璀璨的唐代诗坛，李绅的地位并不显赫，但其《悯农》诗却好似一颗彗星，划过夜空，魅力无

限。可以说，古人"悯农"的情怀都浓缩在了这两首诗句里。至于今天，这个优良的传统仍然深刻地影响着中华儿女，珍惜粮食，不忘本初。

古罗马时期的欧洲与黍粟

黍和粟于世界史上同样不可或缺，在欧洲特别是在中东欧地区种植的历史也很悠久。同在中国一样，黍和粟在欧洲除了供食用以外，在文化方面也有很大的影响。

研究资料显示，在格鲁吉亚、罗马尼亚、捷克、斯洛伐克、波兰、乌克兰、摩尔多瓦等国，以及希腊的Agrissa–Maghilla地区，都发现了非常古老的炭化黍粒[①]。又根据考古遗存，喀尔巴阡盆地[②]已发现黍的栽培痕迹。黍的生育期短、生长快，少功省力，能够适应游牧和半游牧人的生活方式，是一种广泛受欢迎和青睐的谷物。在玉米出现之前，其被认为是中世纪匈牙利人的一种主要农作物。因此，有不少学者认为，黍和粟可能在距今6500年前已途经中亚传入亚洲的西南部，6000年前传播到了欧洲。

---

① 早期欧洲发现的黍粟遗存，最初被判断的时间甚至达到距今8000年。由于材料搜集和分析方法存在一些问题，近年来，年代的准确性被学界质疑，存在很大争议。

② 喀尔巴阡盆地是欧洲中部的一个盆地，被阿尔卑斯山脉、喀尔巴阡山脉和迪纳拉山脉环绕，多瑙河从盆地中央穿过。

需要指出的是，现有考古学和遗传学的证据都显示，黍要比粟更早到达欧洲。另外，语言学的线索也为此观点提供了有力的支持。英语的panicle，指禾谷的穗，来自拉丁语paniucula，所以黍属的学名叫Panicum，拉丁语paniucula则来自希腊语penos。粟的拉丁学名Setaria italica中，seta的英语指茸毛，指粟子果实外密生的芒，拉丁语也叫seta，但在希腊语和印欧语中则没有seta的词根可寻。

古植物学和同位素提供的最新证据表明，在跨越时空的经济、社会和文化背景中，黍和粟于整个古罗马时期一直被食用。以著名的庞贝古城①为例，黍和粟始终是那时民众不可或缺的食物。但可能黍和粟由于体积很小，而且通常是以煮的方式被食用，故而不太可能被保存在考古遗存中，于饮食中的地位也可能被低估了。它们在古罗马历史上的农业、烹饪和医药方面应占有一席之地。在古罗马潘诺尼亚②地区（公元1～4世纪），黍尽管其数量和重要性落后于小麦和黑麦，但仍然是当时重要的食物。又据普林尼（公元1世纪）记载，黍还是斯拉夫民族的主要粮食作物。

---

① 庞贝古城是亚平宁半岛西南角坎帕尼亚地区一座古城，位于意大利南部那不勒斯附近，距罗马约240千米。始建于公元前4世纪，于公元79年毁于维苏威火山大爆发，但由于被火山灰掩埋，街道房屋保存比较完整，从1748年起考古发掘持续至今，为了解古罗马社会生活和文化艺术提供了重要资料。

② 潘诺尼亚大致的范围是今天的匈牙利、罗马尼亚和塞尔维亚、捷克、斯洛伐克及奥地利的部分地区。

在罗马帝国时期，欧洲其他地区种植黍粟同样普遍，贯穿于当时农业生产的始终，并与当时经济社会发展、文化价值息息相关。及至近代，黍和粟仍然影响着人们的生活。例如，威尼斯于1371年被热那亚军队围困时，城内民众靠仅存的小米得以安然无恙。直到16世纪，威尼斯市政会议仍积极倡导在意大利半岛各要塞储存小米。每当达尔马提亚和地中海东部诸岛粮食不足时，在被运去的粮食中，小米比小麦多。实际上，在16～18世纪，索洛尼、香巴尼、加斯科尼等地区，小米粥是家常便饭；不仅是法国，意大利和中欧地区都种植小米。

不过，欧洲历史上用小米制成的食品似乎一直比较粗劣。18世纪末的一名耶稣会教士看到中国人食用小米的办法后深为感叹："科学的发达虽然满足了我们的好奇，却对我们徒劳无益；加斯科尼和朗德荒原的农民制作小米食品的办法还停留在300年以前的水平，还是那么粗劣和不合卫生。"由于黍和粟本身的口感和加工技术不尽人如意，它们主要被当作穷人的食物和救荒粮食，有时候还被用作饲料，而很少出现在上流社会的餐桌上。到了19世纪，黍和粟更是逐渐被小麦、马铃薯、玉米等取代，基本消失在欧洲人的饮食世界中。

今天，黍和粟虽然在欧洲的种植已很少，即使被种植，也基本被用作饲料，但其在文化特别是语言上留下的痕迹仍然清晰可鉴。根据著名农史学家游修龄先生的专业研究：millet是黍、粟的英语共称，来自中古法语，中古法语又来自拉丁语milium，源自印欧语mele，是"压碎"（crush）、"磨碎"

（grind）的意思，因此由mele衍生出mill（磨）、molar（臼齿）和millstone（磨石）；又由于磨成的粉很细小，无法计数，所以有million（百万）这样的词形容极多，并且用milli-作为千分之一这样的前缀，如milligram（毫克）、millimeter（毫米）等，还有mini-这个代表很小的前缀，产生出如minimum（最低限度）、minimize（最小程度）、minimus（最小的东西）、miniature（小型）等词来。至于英制的grain，最初指一粒黍的重量，来自中古英语，中古英语又同样来自中古法语，中古法语来自拉丁语granum，并由印欧语演变而来，且产生了另一个分支——德语的kornam；同时，granum在英语中又分化为grain及gram两个词，grain相当于谷物，gram成为重量单位的克，即千分之一千克，在俄语中也是一样。此外，古德语的kornam到古英语中又转变为corn及kernel；corn可泛指大小麦和燕麦，单粒小麦称einkorn即源于此；kernel也是籽粒的意思，通常多指粒形较大的豆类种子和各种果实的核仁等。这些语言都是与黍、粟相关联。

我们现在很难想象，诸如minibus（小型公共汽车）、minibike（小型机车）、minicam（迷你摄像机）、miniaturization（微型化）等现代英语单词，会与看似遥不可及的黍和粟有着"血缘"关系。所以说，"润物细无声"，在历史的洪流中，文化发展既有根本，又循道变化，源远流长。"凡是过往，皆为序章"，"所有将来，皆为可盼"，黍粟文化在欧洲仍会生生不息，延绵不绝。

四 宋元以降：黍粟的衰退与嬗变

宋元以降，中国生产力水平继续提升，农牧业进一步融合发展，社会经济持续发展并出现资本主义萌芽，城市商业更加繁荣，以地主所有制为基本特点的传统社会更加成熟；与此同时，封建皇权逐步强化，专制主义集权加剧，东方帝国日渐自守，而西方开始崛起，带领世界进入大航海时代直至工业时代。中外文明交流互鉴频繁，盛世浮华中隐藏着巨大的危机，中华民族逐步走向转型。或许是巧合，亦或盛极必衰，传统黍粟种植也在经历了隋唐的繁荣之后逐步退居次席，以其独特的方式，在新的历史时空中传承嬗变。

从"以粟为主"到"小麦居半"

在中国的历史长河中，黍和粟很长时间都在粮食作物中占据绝对的主导地位。不过，到了唐代中晚期，水稻开始取代粟的位置，跃居首位，甚至小麦也紧紧跟上，与粟比肩。目前来自生物学和越来越多的考古证据揭示，中国的小麦是从西亚经中亚传播而来的，在距今5000多年时已经传播至新疆阿勒泰地区，并经由草原通道东传至中国。小麦东传中国的传播路线和传播方式是，小麦经西亚抵达天山的山麓地带以后，由早期的农牧人携带到阿尔泰地区，继而扩散至黄河流域、河西走廊及青藏高原北部地区。

　　小麦虽然传入时间并不晚，但在粮食作物中的地位并不重要。实际上，公元前2000年左右，在中国的大部分地区，小麦并没有被大规模地作为主食，即使在甲骨文和《诗经》的记载里，出现的次数也要远远少于黍。但春秋时期以后，小麦开始被重视起来，及至西汉，小麦种植在黄河流域有面积扩大的趋势。从考古发掘来看，两汉时期有关小麦的资料非常丰富，不仅有炭化麦粒等植物类遗存，还有大量表面书写"小麦""麦"等文字的随葬明器，它们都较为直观地展现了当时人们对小麦的重视程度。

　　从较早文献资料来看，《周礼》《管子》《论语》《孟子》等皆有"五谷"之说，汉儒释之，虽说法不一，但其中必定有麦。又《淮南子·墬形训》说："汾水蒙浊而宜麻，泲水通和而宜麦……东方，川谷之所注，日月之所出……其地宜麦。"泲水即济水，发源于河南，经山东流入渤海，"东方"主要指关中以东、黄河下游地区，可知当时的河南、山东等地为小麦种植区。此外，西汉晚期《氾胜之书》所载内容，包括耕作、播种、除草、灌溉、贮藏及时令，也有关于小麦栽培技术的首次较为详细的论述。

《后汉书》关于小麦种植范围的记载增多。如卷二十五《鲁恭传》载鲁恭向和帝上疏说："三辅、并、凉少雨，麦根枯焦，牛死日甚，此其不合天心之效也。"卷二十六《伏湛传》载建武三年伏湛向光武帝上疏："且渔阳之地，逼接北狄，黯虏困迫，必求其助……种麦之家，多在城郭，闻官兵将至，当已收之矣。"又卷七十《荀彧传》载荀彧向曹操献策曰："将军本以兖州首事，故能平定山东，此实天下之要地……宜急分讨陈宫，使虏不得西顾，乘其间而收熟麦，约食畜谷，以资一举，则吕布不足破也。""操于是大收孰麦，复与布战……兖州遂平。"这些记载说明，在东汉时期的三辅（关中）、并州（陕北、山西、内蒙古南部）、凉州（甘肃中东部）、渔阳（今北京及河北北部）、兖州（山东西部、河南东部、河北南部）等地区，小麦已经得到广泛种植且地位重要。

魏晋南北朝时期，小麦在北方有了进一步发展。根据《南齐书·徐孝嗣传》所载，当时的南方人认为"菽、麦二种，盖是北土所宜"，已然视大豆和麦为北方特有的农作物。又据《广志》和《齐民要术》记载，此时人们在汉代栽培技术发展的基础上，成功改良和引进了小麦新的品种，如房水麦、赤小麦、山提小麦、半夏小麦等，使其适应了黄河流域的自然环境条件。这显然是小麦种植面积扩大及品种选育的结果。

隋唐时期，小麦的发展取得了更大成就。据《新唐书·徐敬业传》载，徐敬业起兵讨伐武则天时，其军师魏思温在河南东部鼓动士兵说："郑汴徐亳，士皆豪杰，不愿武后居上，蒸麦为饭，以待吾师。"郑、汴、徐、亳，为今河南郑州、开封，江苏徐州，安徽亳州。这段话反映了这一区域人民以麦为主食的情况。燕、赵之地，唐初时皆植宿麦（《唐太宗集》之《赈关东等州诏》《旱蝗大赦诏》）。根据《册府元龟》卷五百零二的记载，天宝四载（745年）五月的诏书说当时的河南、河北诸郡"收麦倍胜尝（常）岁"。可见，今天的华北平原是当时小麦的主要生产区。

至于黄土高原，无论是关内道（含京畿），还是河东道，都普遍种麦，京兆、同、华、鄜、坊、丹、延、泾、宁、庆、丰、蒲、虞、泰、绛、邵、泽、潞、沁、韩、盖、晋、汾、并、介、受、辽二十七个州府，皆为产麦之地。例如，京兆府辖二十县，盛产麦子，故土贡为麦、䅟（《新唐书·地理志》）；唐玄宗还两度种麦子于苑中（《旧唐书·玄宗纪》）；高力士"于京城西北截澧水作碾，并转五轮，日碾麦三百斛"（《旧唐书·高力士传》）。又如，天宝二年（743年），李颀在绛州作《送刘四赴夏县》诗，说"男耕女织蒙惠化，麦熟雉鸣长秋稼"；卢纶作《送绛州郭参军》诗，说绛州道中"千里麦花香"。

至于陇右地区，麦也是那里的大宗粮食作物之一。杜甫《送高三十五书记十五韵》"崆峒小麦熟，且愿休王师"，《送蔡希鲁都尉还陇右因寄高三十五书记》"汉使黄河远，凉州白麦枯"，陈子昂《为乔补阙论突厥表》"见所畜粟麦，积数十万"等均可为证。柳宗元《与李睦州论服气书》说"穷陇西之麦，殚江南之稻，以为兄寿"，也足见麦之兴盛。

唐代还出现了专门用于小麦收割的工具麦钐①和发展成熟的转磨（拥有被分成八区且排列整齐的斜线纹磨齿），这说明当时小麦生产的规模已经很大，这与唐末韩鄂所著《四时纂要》反映的情况基本一致。如前所述，在《齐民要术》所论的各种粮食作物中，粟列于首位，而麦、稻被放在了后面，但在《四时纂要》中看不到这种差异。在《四时纂要》的农事月令安排中，麦的农作活动占有突出地位，麦出现的次数也较以前农书中出现的次数明显增多，可见，麦在北方地区粮食作物中的地位明显上升。

随着小麦种植区域的逐渐扩大，粟、麦并称多见于史书。如据《隋书·食货志》记载，开皇五年（585年），"奏令诸州……共立义仓。收获之日，随其所得，劝课出粟及麦"。《新唐书·食货志》也说，贞观年间定义仓之税，"亩税二升，粟、麦、秔、稻，随土地所宜"。这时，小麦逐渐成为重要的征纳物。永泰元年（765年）"五月，京畿麦大稔，京兆尹第五琦奏请每十亩官税一亩，效古十一之义"（《册府元龟》卷四百八十七《赋税》）。这是针对当时"税亩苦多"所采取

---

① 明代徐光启《农政全书》卷二十四曰："麦钐，艾麦刃也。《集韵》曰：'钐，长镰也。'状如镰，长而颇直，比钹薄而稍轻。所用斫而劙之，故曰钐。用如钹，故亦曰钹。其刃务在刚利，上下嵌系绰柄之首，以艾麦也。比之刈获，功过累倍。"

的措施，税麦的出现应在此以前。建中元年（780年），两税法施行，规定"居人之税，秋、夏两征之……征夏税物过六月，秋税无过十一月"（《旧唐书·食货志》）。两税中的地税是征收麦、粟、稻等谷物，夏税截止日期在六月，因为这时冬小麦已收完；秋税截止日期在十一月，因为这时粟和稻都已收完。两税法的施行，显然是以稻、麦生产的增长为主要前提的。此时小麦在黄河流域上升到与粟同等重要的地位。

这里不得不提到另一种中国起源的农作物——水稻（亚洲栽培稻）。至少在距今10000年时，水稻就首先在长江中下游及其周边和以南地区被驯化，然后向四周扩散与传播，可以说水稻一直是长江流域及以南地区人民的主粮。

从早期文字记载来看，"稻"字应该最初见于金文，作"禾"旁从"舀"。《诗经》中也有涉及稻的诗句，如"十月获稻，为此春酒"（《豳风·七月》），"黍稷稻粱，农夫之庆"（《小雅·甫田》），"滮池北流，浸彼稻田"（《小雅·白华》）等，可见商周时期稻并不少见。根据后汉杨孚《异物志》的记载，说"交趾稻，夏冬又熟，农者一岁再种"，可见双季稻栽培已经在华南部分地区出现。又西晋左思《吴都赋》有"国税再熟之稻"的说法，说明不仅华南地区，长江中下游的双季稻也得到了发展。唐樊绰《蛮书·云南管内物产》曰"从曲靖州已南，滇池已西，土俗唯业水田……从八月获稻，至十一月十二月之交，便于稻田种大麦，三月四月即熟。收大麦后，还种粳稻"，表明唐时云南滇池一带已实现一年稻麦两熟。

　　虽然我国的水稻种植已有万年的历史，而且水稻位列五谷之一，但在很长的一段时期内，中华文明的中心都在黄河流域，因此就全国范围而言，水稻种植在农业生产中并不占主导地位。不过，自中唐以后，由于北方战乱和南方地区的继续发展，也由于旱作农业发展已经接近传统农业的最高水平，唐王朝在农业经济上日益倚重于江南，到公元9世纪，竟然出现了"以江淮为国命"（杜牧《上宰相求杭州启》）、"赋出天下，江南居十九"（韩愈《送陆歙州诗序》）的局面。水稻在粮食作物中的地位随之提高，我国开始出现了南粮"北运"的局面。同时，北方旱作农业则进入了缓慢发展期。

　　但水稻种植在长江流域真正发展起来则要到入宋以后。此时，随着全国政治、经济形势的变化，特别是南方的开发以及作物的传播和发展，原来的作物种植结构几乎全被打破。宋代稻的单位面积产量有了很大提高，太湖地区的亩产量有的达到了二石五斗米左右（合今225千克），比唐代南方的水稻亩产量提高了约87千克，即增长了63%（宋高斯得《宁国府劝农文》）。故当时有"苏（苏州）湖（湖州）熟，天下足"的谚语流传，水稻也被人们称为"安民镇国之至宝"（南宋赵希鹄《调燮类编》卷三《粒食》）。这充分说明了水稻生产对于全国粮食供应的重要性，水稻在粮食作物中的主导地位完全确立了。

　　到了明清时期，为满足急剧增长的人口粮食需求以及适应商品经济进一步深化的形势，高产量农作物得到了广泛的栽培，低产量农作物则退到次要的位置上。根据宋应星《天工开物·乃粒》的记载，"今天下育民人者，稻居什七，而来、牟、黍、稷居什三"，又说"四海之内，燕、秦、晋、豫、齐、鲁诸道，烝民粒食，小麦居半，而黍、稷、稻、粱仅居半"。可见，就全国而言，在这一时期的粮食作物结构中，稻稳居首位，麦列第二，黍和粟的地位大大降低。近代以来，更无需多说，黍和粟已然成为"小杂粮"的代名词。

综上所述，在西周之前，小麦种植区域很有限；但从战国时期到西汉早期，小麦逐渐得到重视与推广；从西汉中晚期到魏晋南北朝时期，小麦开始大规模普及；宋元以降，小麦则完全取代黍粟，成为北方最主要的农作物。加上水稻异军突起，稻、麦在经济生活中地位日益凸显，黍和粟地位逐步下降，黍和粟沦为救荒作物，重要性日渐降低。

为什么小麦会后来居上取代黍和粟的主导地位呢？究其原因，大概是因为小麦属于外来农作物，需水量大、栽培技术要求高，起初并不完全适合在黄河流域生长。随着小麦栽培水平的逐步提高、防旱保墒和农田灌溉技术的有效保障、以小麦为基础两年三熟轮作制的建立、各朝官府的推动以及面粉加工与发酵技术的改进，小麦被广泛地种植并最终成为黄河流域最主要的粮食作物。甚至于宋元之际，小麦又与水稻发展紧密地结合在一起，在南方形成了后来广泛流行的稻麦两熟制，增加了复种指数，提高了土地利用率，开辟了粮食来源的新途径，大大推进了小麦种植区域在全国范围的扩张。

要之，小麦种植在中国的推广经历了一个长期过程，是各种因素共同作用的结果，小麦在改变中国农业种植制度与结构的同时，也大大丰富和影响了中国人的生产、生活内容及饮食习惯。直至今天，可以说以小麦为基础的面食及其文化无处不在。当然，小麦种植在中国推广的成功也在于小麦自身的可塑性，它在淘汰和冲击本土作物的同时，也在不断接受本土的改造。小麦在黄河流域的栽培、管理方法的形成也经历了一个不断适应当地环境的过程，带有极鲜明的该地区农作特色。另外，小麦虽然早在5000年前已传入中国，但面食做法在黄河流域的出现晚了约3000年，待面食得到普及又花费了约1000年。同时，西亚面食做法并没有与小麦的传播保持一致，黄河流域的面食做法走出了另外一条"蒸煮而食"的文化之道。正如有些西方学者所言，"小麦在抵达东亚以后，曾一度保持着裸粒烹饪的形式，东方这种对谷物裸粒的明显偏好反映了一种强烈的'接受文化'选择"，以至于后来，小麦又被加工成面条、面饼、馒头、包子、煎饼之类面食，形成了独一无二、类型极其丰富的具有中国特色的面食做法与文化，在世界饮食史上熠熠生辉。

不可忽视的是，宋元以降，黍粟地位的急速下降，还与高粱、番薯、玉米等外来农作物的引进和推广有关，这大概是除稻、麦自身发展之外最重要的要素。但这里需要指出的是，随着明清时期人口急剧膨胀，为了解决基本的温饱问题，人们把能开垦的田地都已开垦了，所以总的粮食种植面积不断扩大。因此，虽然黍和粟在全国粮食中的比重已降低，但从总产量这个绝对数字来看，可能并不比它在隋唐之前占首要位置时的数

量少，这是一个值得关注的话题。

黍粟品种选育水平提升

宋元以降，虽然传统黍粟已经走向衰退，但伴随着农业生产经验的积累和技术的进步，有关品种选育的知识和方法却得到了发展与创新。我们知道，遗传与变异是物种形成与生物进化的基础，对此加以认识是品种选育的基础和前提。一些古典文献资料显示，古人很早就认识到了作物的遗传性，如《吕氏春秋》一书中就有"夫种麦而得麦，种稷而得稷，人不怪也"的记载，表明当时人们已把作物的遗传性看作正常的自然现象。

东汉时期，王充在《论衡·奇怪》中用"物生自类本种"来描述生物的遗传性。这里的"本种"有现代"种"的含义。另外，他还把在自然条件下能否交配产生后代作为"种"的特性。这与18世纪瑞典生物分类学家林耐关于物种"按照生殖规律"产生的概念相似。北魏贾思勰《齐民要术》则将遗传现象称为"天性""质性"或"性"等，意思是相对固定、世代相传的，生产中必须依据作物不同的"性"采取不同的技术措施。这大致相当于现代遗传性的概念。《齐民要术》还指出，同一作物的不同品种遗传性有不同的现象，比如说，谷子"质性有强弱"，粱、秫"性不零落"，这对当时的育种工作无疑具有指导意义。

关于作物的变异性，古代早期文献亦有记述。《诗经·豳风·七月》就说："黍稷重穋，禾麻菽麦。"又《鲁颂·閟宫》曰："黍稷重穋，稙稺菽麦。"重、穋、稙、稺，毛亨释为"后熟曰重，先熟曰穋"，"先种曰稙，后种曰稺"。古人用重、穋、稙、稺来称呼粟的不同品种类型，表明已经认识到同一作物的性状也会发生变异的事实。又《国语·晋语四》说："黍稷无成，不能为荣。黍不为黍，不能蕃庑。稷不为稷，不能蕃殖。"说的是作物发生变异将不能正常繁殖而影响种植。王充在《论衡·讲瑞》中同样认为，特殊变异的特性不能遗传、自成种类。"试种嘉禾之实，不能得嘉禾"，表明当时人们试种过"嘉禾"，发现不能保持亲本多穗的性状，从而表明"嘉禾"是不具遗传性的变异。

北魏贾思勰对作物变异性有了更深刻的认识。《齐民要术·种谷》有曰："凡谷，成熟有早晚，苗秆有高下，收实有多少，质性有强弱，米味有美恶，粒实有息耗。"不仅指出了不同谷子的成熟期差异，还指出了其他各种性状差异。这属于生物变异性范畴，或者是以生物变异性为基础的。贾思勰又说"山田种强苗，以避风霜；泽田种弱苗，以求华实也"，不同地域对谷子的性状有不同要求，可以改变其最后的性状。王充把"物生自类本种"和"命定论"联系起来，不承认物性是可以在一定条件下改变的。这是因为他只注意到生物遗传过程中不可遗传的特殊变异，而忽视了生物遗传过程中逐步积累起来的新性状的可遗传变异。贾思勰指出谷子的性状不但可以遗传，而且可以改变，从事实上揭示了生物变异的普遍性，并考

察了这种变异发生的条件和原因，比王充进步巨大。

到了元代，古人对作物生长发育、遗传变异与环境关系的认识又有了新的进展。王祯在其所著《农书》中就指出："凡物之种，各有所宜。故宜于冀、兖者，不可以青、徐论；宜于荆、扬者，不可以雍、豫拟……谷之为品不一，风土各有所宜。"又明代宋应星《天工开物·乃粒》说："生人不能久生而五谷生之，五谷不能自生而生人生之。土脉历时代而异，种性随水土而分。"自然环境随着时空的流转发生变化，物种的遗传性也会随着环境条件的改变而有所变异，通过人工的干预和培育，可以实现作物的良好生长。

古人对作物品种遗传性和变异性的认识是先民长期对作物进行驯化和栽培的实践结果，反过来又指导了作物的栽培实践和各种育种活动，并促进了育种技术的发明与创造，实现了从一般穗选法、粒选法到单株选择法以及集团选择法的进步。

最初农作物的选种应该是从穗选法开始的。有关作物早期驯化中的品种选育细节，可以通过一些民族学的资料来寻求答案。例如，我国南方的一些少数民族至今仍保留着原始农业的习惯，很早就开始进行选种和传种活动。我国台湾高山族的一些民众在谷子撒播后基本不再管理和保护，只在收获时注意选择割取最大的穗，并按穗的大小分别捆扎堆放，但没有任何选种行为。不过，这种粗放的做法使得生长期的植株跟莠草杂生，促成野生型基因和驯化谷子的栽培型基因渐渗杂交，保证了野生基因向栽培型基因输送，从而孕育出一些新的品种，这样培育出的谷子更有利于生存。

进入驯化的高级阶段以后，人类的品种选育能力得到提高。台湾地区民众已注重除草和疏苗，并有意选择那些较高又整齐的单茎植株，收获时一个一个地取穗，分品种捆扎成束，背回家后再进行第二次选种，接着干燥贮藏。疏苗和选穗对于品种选育具有决定性意义，因为这样容易丢掉原始的基因，避免同进化的植株发生杂交的可能性。从收获到贮藏，再到暂时持续地隔离和分别下种，有意识的品种选育是作物驯化过程中一个关键性转折点。

我国早期文献也记载了先民从事良种选育的活动。《诗经·大雅·生民》中有曰："诞后稷之穑，有相之道；茀厥丰草，种之黄茂，实方实苞，实种实褎，实发实秀，实坚实好，实颖实栗，即有邰之家。""有相之道"指选择耕地，"茀厥丰草"指清理场地，"种之黄茂，实方实苞"指选种。"黄茂"是光润美好，"方"是硕大，"苞"是饱满或充满活力。这实质上是一种谷子的粒选法，也是对选种的具体要求。

又《周礼·天官·内宰》曰："上春，诏王后帅六宫之人而生穜稑之种，而献之于王。"郑玄注："古者使后宫藏种，以其有传类蕃孳之祥，必生而献之，示能育之，使不伤败，且以佐王耕事，共禘郊也。"这里谈到的实际上是一种良种保藏制度，在《周礼》时代应当实行过。当时的人们把作物种子的繁育与妇女生育能力联系起来，认为能生育的妇女对种子的萌发生长能产生某种神秘的影响，于是形成了由妇女保藏种子之类的习俗。这种现象的出现不是孤立的，可能是上古时期一种古老习俗的遗留。

当时的人们又是怎样具体繁育种子的呢？《周礼·天官·舍人》称："以岁时县（悬）穜稑之种，以共（供）王后之春献种。"郑玄注："县之者，欲其风气燥达也。"这里悬挂的应是谷穗，目的是保持种子的干燥，与西汉《氾胜之书》所说穗选法极为相似："取麦种，候熟可获，择穗大强者，斩束立场中之高燥处，曝使极燥……取禾种，择高大者，斩一节下，把悬高燥处，苗则不败。"意思就是在麦、粟成熟之后，选择穗又大又强或苗又高又大者，悬挂高燥处并曝干为种。若然，穗选法在汉代之前就早出现了。穗选法是一种简单有效的良种繁育法，在我国已经流传了几千年，对于黍粟的品种选育做出了重要贡献。

最迟至魏晋南北朝时期，黍粟的品种选育技术有了新的进步。贾思勰《齐民要术·收种》曰："粟、黍、穄、粱、秫，常岁岁别收，选好穗纯色者，劁刈高悬之。至春治取，别种，以拟明年种子。其别种种子，常须加锄。先治而别埋，还以所治蘘草蔽窖。"此段话有两层意思：一是谷类作物须年年选种，将纯色好的穗选出，使其勿与大田生产之作物混杂；二是良种宜单收单藏，并以自身的稿秸来塞住窖口，免得与别种相混。这实际上是在穗选法基础上建立的一套从选种、留种到"种子田"的育种制度。这种制度与今天混合选种法颇为相似，比德国在1867年改良麦种时使用的混合选择法要早了1300多年。

不过，到了明清时期，农作物的良种繁育技术又取得了一个重大进展，即在穗选、粒选的基础上产生了单株选择法和集团选择法。耿荫楼《国脉民天》主张五谷、豆类、蔬菜等"颗颗粒粒皆要仔细精拣，肥实光润者方堪种用"，要求种子须种在种子田内，且种子田要"比别地粪力、耕锄俱加数倍"；第二年"用此种所结之实内，仍拣上上极大者作为种子"，如此"三年三番"便能选育出优良品种。耿荫楼所阐述的有关系统选择法的理论和技术，显然比《齐民要术》中总结的育种方法更先进和完善。

所谓单株选择法，就是从某些优良性状的单株（穗）作物中，选育出一个新的优良品种的方法，亦称"一株传""一穗传"。该法简便易行，且多次单株选择可定向累积变异，有可能选出超过原始群体最优良单株的新品种，收效快，是古人常用的有效育种方法。

目前，世界上一般把单株选择法归功于在1856年开始的甜菜选种的农学家维尔莫林。实际上，中国人很早就普遍采用此法培育品种了。根据北宋欧阳修《洛阳牡丹记》和蔡襄《荔枝谱》记载，后来被称为"御袍黄"的牡丹和"小陈紫""游家紫""宋公""龙牙"的四种荔枝，都是在单株变异基础上经人工选择培育出来的。

应该说，中国用单株选择法培育花卉、水果的历史非常悠久，但不知何故，关于大田作物单株选择法的记载却晚得多，较早见于文献的有两种农作物品种，即白粟和御稻。这两个作

物品种都跟清朝的康熙皇帝有关。

《康熙几暇格物编》有如下记述："乌喇地方，树孔中忽生白粟一科，土人以其子播获，生生不已，遂盈亩顷。味即甘美，性复柔和。有以此粟来献者，朕命布植于山庄之内，茎、干、叶、穗较他种倍大，熟亦先时。作为糕饵，洁白如糯稻，而细腻、香滑殆过之。"白粟单株选择育种的成功，给康熙皇帝很大的启发。后来他又应用单株选择法，成功选育出一种早熟高产的优质水稻，因"其米色微红而粒长，气香而味腴，以其生自苑田，故名御稻米"。后来他又在承德和江南大力推广种植御稻，在承德解决了以前种稻不成熟的问题，推进了水稻的北移，在江南则促进了双季稻的发展。

康熙皇帝及时吸收劳动人民的经验，运用单株选择法亲自进行新品种的试验，目的明确、步骤完整，并将选育、试种、品种对照试验以及推广的全部过程详细记录下来，与现代单株选择法程序已完全吻合。这是古人运用单株选择法育种的典型事例，为世界育种史增添了一份弥足珍贵的科学实验资料。另外，清代包世臣《齐民四术》一书中的"农政"目下讲育种要在肥地中选择单穗，分收分存。他把这种单穗选择育种称为"一穗传"，实际上这也是地地道道的单株选择法。

集团选择法是指当现有品种类型较多时，可按不同性状，如早熟和晚熟等，分别选择单株，将性状相同的单株归为一个集团，混合留种，下一代再按集团分别种植，并与原品种及对照品种比较，最后选出较优集团加以种植和推广。该法适用于异花授粉和常异花授粉作物，特点是简单易行，节省人力、物力、财力，且后代生活力不易衰退。

清代有类似现代集团选择法的记载，见于包世臣《齐民四术·农政·养种》："稻、麦、黍、粟、麻、豆各谷，俱有迟早数种。于田内择其尤肥实黄绽满稿者，摘出为种，尤谨择其熟之齐否，迟早各置一处，不可杂。晒极干，黍、粟各种，以绳系悬透风避湿之所……稻种少者，亦可择肥好之稿，断一节悬当风如黍、粟。"这里提到的将作物早、晚熟的单株分别摘出、存放选种的方法，就是当时的集团选择育种法。

由于明清时期选种技术有了新的发展，新品种培育的速度也大大加快了。宋应星《天工开物·乃粒》说道："凡粮食，米而不粉者种类甚多，相去数百里，则色、味、形、质随之而变，大同小异，千百其名。"又《本草纲目·谷部》曰："种类凡数十，有青、赤、黄、白、黑诸色，或因姓氏地名，或因形似时令，随义赋名。"可见，此时粟谷的品种已经急剧增加。再以清代官修《授时通考·谷种门》为例，它把各地方志统称为《直省志书》，从中摘录了粟谷极为丰富的地方品种，总计有200多种，虽然其中不免重复累赘，但仍然可以看出其丰富程度。这些都要远超魏晋时期贾思勰《齐民要术》整理出来的86个粟品种，胜过以往任何一个历史时期。

另外，值得一提的是，清代郭云升所撰《救荒简易书》记载了相关作物品种内容。因其比较重视对包括生长期、品种特性及适宜土壤等的整体考察（表4-1、表4-2），突破了历史上

农书所关注的方向，是中国传统农学进一步精细发展的重要表现，标志着粟谷的品种培育进入了一个更高层次。

表4-1 《救荒简易书》之《救荒月令》所载粟谷品种

播种期	品 种	成熟期	品 性
二月	黑子粟谷	大暑熟	性能耐碱，又能耐水
	红子粟谷		性能耐碱
	白子粟谷		性能耐碱，又能耐水，兼能耐旱
	黄子粟谷		
三月	黑子粟谷	处暑即熟	立秋嫩青穗，可碓捣成泥，煮而食也
	红子粟谷		
	白子粟谷		
	黄子粟谷		
四月	黑子粟谷	处暑后十日即熟	立秋嫩穗可食也
	红子粟谷		
	白子粟谷		
	黄子粟谷		
五月	黑子粟谷	众人皆知之时也	
	红子粟谷		
	白子粟谷		
	黄子粟谷		

（续表）

播种期	品　种	成熟期	品　性
六月	寒粟谷	九月熟	性耐寒，见霜犹能茂盛。荒年雨不应时，他谷已晚，种此谷仍然丰收也
	青子粟谷	十月熟	冒霜能长，冒雪能长。荒年雨不应时，他谷已晚，种此谷仍然丰收也
	六十日快粟谷	八月初旬熟	
七月	寒粟谷	九月熟	性耐寒，不畏风霜。他谷已晚，种寒粟谷犹能丰收也
	青子粟谷	十月熟	性耐寒，不畏风霜。他谷已晚，种青子粟谷犹能丰收也
	六十日快粟谷	九月初旬熟	
十一月	冻粟谷	明年麦后即熟	旱蝗不能灾
十二月	冻粟谷	明年麦后即熟	虽遇冰雪，无害无水。旱蝗俱不能灾

表4-2　《救荒简易书》之《救荒土宜》《救荒种植》所载粟谷品种

品　种	土　宜	品　种	时　宜
红子谷	碱地	再熟快粟谷	自三月至六月底皆可种
黑子谷	碱地、水地	寒粟谷	自六月半至七月初皆可种
白子谷	碱地	青色谷	同上
踵子谷	碱地	六十日快粟谷	自二月半至七月初皆可种
快粟谷	水地	五十日快粟谷	同上
气杀蝼蛄谷	虫地	四十日快粟谷	同上
冻快粟谷	虫地		

我国古代粟类品种繁多，甚至很多一直沿用到现代。据1979年出版的《中国谷子品种资源目录》记载，我国北方12个省市45个单位保存的谷子品种有13 000多份，经归并仍有11 673份，其中粳性的为10 730份，糯性的为943份。这些谷子品种大部分都有古代粟谷的遗传基因，这些基因无疑是一笔宝贵的财富，对于培育粟的新品种具有重要意义。相信随着生物育种技术的不断进步，将来还会培育出更多高产、优质的粟谷品种，为中国乃至世界粟作的发展做出更大贡献。

"嘉谷""嘉禾""贡米"掌故

古人很早的时候以粟为"嘉谷"。《尚书·吕刑》曰："稷降播种，农殖嘉谷。"又《左传·庄公七年》："秋，无麦苗，不害嘉谷也。"东汉许慎《说文解字·禾部》曰："禾，嘉谷也。"清段玉裁注："民食莫重于禾，故谓之嘉谷。"还有像《孔丛子·执节》曰："魏王问子顺曰：'寡人闻昔者上天神异后稷而为之下嘉谷，周以遂兴。'"晋葛洪《抱朴子·博喻》曰："嘉谷不耘，则黄莠弥漫。"明刘基《北上感怀》诗云："农夫植嘉谷，所务诛稂秕。"这些记载大概都有这样的意思。

不仅如此，"嘉谷"还指"共穗"或"多穗"的粟，往往被视为祥瑞之兆。《史记·周本纪》有云："晋唐叔得嘉谷，献之成王，成王以归周公于兵所。"裴骃集解引郑玄曰：
"（嘉谷）二苗同为一穗。"又《史记·司马相如列传》：
"嘉谷六穗，我穑曷蓄。"晋陆机《答张士然》："嘉谷垂重
颖，芳树发华颠。"其实，以上所讲就是一种粟谷的变异现
象，只不过被赋予了特殊的文化意涵，在儒家看来，乃天意表
达、对民有益的征兆。

与"嘉谷"同穗或多穗基本同义的，还有"嘉禾"。汉代
王充《论衡·讲瑞》就有曰"嘉禾生于禾中，与禾中异穗，谓
之嘉禾"，是为生长奇异之粟。在东汉摩崖《西狭颂》中，黄
龙、白鹿、嘉禾、木连理、甘露降已并称为五瑞。"嘉禾"之
说，典出《尚书·微子之命》："唐叔得禾，异亩同颖，献诸
天子。王命唐叔，归周公于东，作《归禾》。周公既得命禾，
旅天子之命，作《嘉禾》。"孔安国传："唐叔，成王母弟，
食邑内得异禾也……禾各生一垄而合为一穗。异亩同颖，天下和
同之象，周公之德所致。"孔颖达疏："此以善禾为书之篇名，
后世同颖之禾遂名为'嘉禾'，由此也。"

这个典故在汉代班固《白虎通义·封禅》中亦有记载：
"德至地则嘉禾生。""嘉禾者，大禾也。成王之时，有三
苗异亩而生，同为一穟，大几盈车，长几充箱。民有得而上
之者，成王访周公而问之。公曰：'三苗为一穗，天下当
和为一乎？'后果有越裳氏重九译而来矣。"又《汉书·公
孙弘传》曰："甘露降，风雨时，嘉禾兴。"张衡《思玄

赋》曰："滋令德于正中兮，含嘉禾以为敷。"还有纬书①
《孝经援神契》《礼斗威仪》分别云："德下至地，则嘉禾
生。""人君乘土而王，其政升平，则嘉谷并生。"

因而"嘉禾"之说，始于周公，兴于纬书，附会在德。
这与秦汉时期谶纬思潮的盛行有关，"嘉禾"预示政治清明、
天下太平。对此，后世文献亦有进一步的解释。宋代《太平御
览》引南朝梁孙柔之所撰《孙氏瑞应图》曰："嘉禾，五谷
之长，盛德之精也。文者则二本而同秀，质者则同本而异秀，
此夏殷时嘉禾也。"又《宋书·符瑞志》曰："嘉禾，五谷之
长，王者德盛，则二苗共秀。于周德，三苗共穗；于商德，同
本异穟；于夏德，异本同秀。"《太平御览》又引《晋中兴征
祥说》云："王者盛德则嘉禾生。义熙十三年，巩县民宋曜于
田中获嘉禾，九穗同本。九穗，九州。是时羌平，六合宁。"

是故，"嘉禾"在历史上多有记述，以昭帝王盛德，或
是天命神权。如《东观汉记》记载，光武以建平元年生于济阳
县，"是岁嘉禾生，一茎九穗，大于凡禾，县界大熟，因名曰
秀"。《后汉书·孝桓帝纪》："（永康元年）秋八月，魏
郡言嘉禾生，甘露降。巴郡言黄龙见。"《太平御览》引《晋
起居注》："武帝世，嘉禾三生，其七茎同穗。"《宋史·高
宗纪》："八月癸未，抚州献瑞禾。"《清史稿·礼志二》：

---

① 汉代附会儒家经义的一类书，主要宣扬神学迷信，但也记述了一
些天文、历法等方面的知识。

"雍正二年，耤田产嘉禾，一茎三四穗。越二年，乃至九穗。"
各种奇异征兆，皆属此类，屡见不鲜。

古人重视"嘉谷""嘉禾"，皇帝更重视其政治意义。例如，被称为历史上最为勤政、极爱亲力亲为的雍正皇帝，由于登基后不久，全国丰稔，各处皆产嘉禾，便令大学士张廷玉传旨让朝廷御用画师意大利传教士郎世宁作《瑞谷图》。图中绘金色瑞谷五穗，穗长且颗颗饱满，寓意五谷丰登。雍正五年（1727年）八月二十八日，雍正皇帝颁示《瑞谷图》并降诏曰：

> 上谕，朕念切民依，今岁令各省通行耕耤之礼，为百姓祈求年谷……今蒙上天特赐嘉谷，养育万姓；实坚实好，确有明征。朕祇承之下，感激欢庆，着绘图颁示各省督抚等。朕非夸张以为祥瑞也，朕以诚恪之心，仰蒙帝鉴；诸臣以敬谨之意，感召天和。所愿自兹以往，观览此图，益加儆惕，以修德为事神之本，以勤民为立政之基。将见岁庆丰穰，人歌乐利，则斯图之设未必无裨益，云特谕。

雍正皇帝亲笔题写《瑞谷图》，意味深长，当然不仅是为体现"重农务本之心"，"以修德为事神之本，以勤民为立政之基"，恐怕还在于展示天人感应、执政合法性。

说起关于"嘉禾"的绘画，还有一位取得"仁宣之治"之称的皇帝——明宣宗朱瞻基，不仅政治成就斐然，美术造诣也颇高，自己创作了一幅《嘉禾图》。虽是"御笔戏写《嘉禾图》，

赐太监莫庆"，却是出类拔萃，古雅神韵。

东汉许慎《说文解字》说："嘉，美也。"郑玄注："嘉，善也。"因此，不管代表怎样的社会意义，粟谷本身，或者其特殊的品种，都有美善之义。及至明清时期，还有著名的"贡米"出现，更将此种意象推向具体化，愈发凸显重要的社会经济意义。其中，最具代表性的是有"四大名米"之称的"蔚州贡米""沁州黄""龙山小米""金乡金谷"。

河北省蔚县古称蔚州，为"燕云十六州"之一，地处太行山、燕山和恒山的交汇点，有京西著名的"米粮川"之誉。蔚州盛产小米，历史悠久，早在20世纪七八十年代，就在西合营镇三关村发掘出仰韶文化时期的炭化粟谷。据《（崇祯）蔚州志》："（元）至治二年（1322年）八月，蔚州献嘉谷。"蔚州小米由此开始成为贡米，绵延明清两代而不衰。这不仅记载在当地县志中，而且还在《太原志》中有过描述。

蔚州贡米原产地在蔚州桃花镇，故又名"蔚州桃花米"，但和桃花并无直接的关系。蔚县小米传统优良品种和典型代表有"九根齐""大玉皇""竹叶青""大红苗"等，它们颗粒饱满，色泽金黄。由其烹制的米饭，光滑黏甜，香气浓郁；熬出来的粥，米汤如乳，透明发亮，香味扑鼻，营养丰富。

相传有这样一段故事：清乾隆年间直隶总督方观承到蔚县巡政，当地官员为了讨好上司，准备了精美的肴馔款待，并请总督亲自点席。孰料，方观承却在食谱上写了"不吃膏粱与珍馐，要吃蔚县小米粥"。于是，蔚县官府特地从桃花镇选来了优质小米，请名厨为总督做成小米干饭，深得方观承的夸赞。自此，"总督爱吃小米粥"被传作佳话，蔚县小米也更加有名，并深受人们的喜爱。

山西省长治市的沁县，古时被称作沁州，地处晋东南地区北部、太行和太岳两山之间，历来有"拉不完的沁州粮，填不满的鲍店仓"之说。"沁州黄"就是这里生产的一种小米，通体金黄，味道香美，被当地人称为"金珠子"。在晋东南一带，民间流传着这样一句谚语："金珠子，金珠王，金珠不换沁州黄。"用真正的金珠子都不肯交换，足见其弥足珍贵。

据传在明代的时候，沁州檀山一带有座古庙，里面住着几位和尚，他们在寺庙周围开荒种粟，经过几年的悉心培育，长出了品质优良的谷子。这种谷子被称为"糙谷米"，又名"爬山糙"，色泽蜡黄，颗粒圆润，晶莹明亮，煮成饭后，松软可口，味美清香。后来，在朝廷官至保和殿大学士的吴琠还乡时，听说"爬山糙"品质极佳，便亲自到檀山庙内品尝其味，方知其名不虚传。后来，他将其献给康熙皇帝品尝，并起了个雅致的名字即"沁州黄"。康熙皇帝食后，十分高兴，于是"沁州黄"便成了贡米。

所以，沁县还有个顺口溜——"沁县三大宝，鸡蛋、瓜子、吴阁老"，这是当地人对三大名产鸡蛋、南瓜子和"沁州黄"小米的赞誉。吴阁老就是指的吴琠。为了表达感激和感谢之情，人们便把吴阁老当作"沁州黄"的代名词加以传颂。从此，"沁州黄"贡米沿袭各代，名扬天下，甚至在1919年参加

了印度国际博览会并荣获金奖，此后还多次在国内、国际获得各种大奖，享有很高的美誉度。

位于山东省济南市章丘区西部的龙山镇，水源充足，土地肥沃，物产丰饶，历史悠久。这里既是龙山文化的发祥地，也是"龙山小米"的原产地。实际上，龙山文化时期，粟谷已经在史前粮食作物中完全占据了主导地位。

相传清乾隆皇帝出巡路经章丘，接驾者为当地名门望族，献上"龙米金汤"，只见粥色黄金，黏凝均匀，表面凝固着一层薄薄的米油，未曾入口，便已香气入鼻，轻轻一呷，更觉清香沁脾。乾隆皇帝大为赞赏，称其"真乃银碗金汤"，遂定为贡米。龙山小米品种以"东路阴天旱"春谷为最佳，因在阴天时叶子卷曲似天气干旱之状，故称。"龙山小米"的特点是米圆粒大，色泽金黄，汤汁黏稠。龙山小米凭借其绝佳口感和稳定的性状传承至今。

金谷小米即"金乡金谷"，产于山东省济宁市金乡县马庙镇的马坡一带，又名"马庙金谷"。这种谷米籽粒浑圆，色泽金黄，黏香醇口，故有"金谷"誉称。加之做成的米汤黏凝透亮，米粒悬而不浮、油而不腻，能够多次凝结米油，俗称"能挑七层皮"，历史上被称为金乡"三大怪"之一。相传，清康熙皇帝南下私访，曾在金乡城西大吴庄吃过一顿小米稀饭，感到香醇可口，此后便派人征缴金乡谷米，并将其定为贡品。

在中华人民共和国成立十周年庆典之际，金谷小米被周恩来总理用来招待中外宾客，备受青睐。1968年前后，周总理又

多次指示，征购金乡县马庙乡马坡生产的金谷米，送往北京以招待外宾。美国前总统尼克松访华时，就吃过金谷小米粥，对其赞不绝口，并将金谷小米带回美国。由此，金谷小米享誉中外。

"布袍脱粟" 海青天

海瑞（1514—1587年），字汝贤，琼山（今海口市）人，一生经历明正德、嘉靖、隆庆、万历四朝，历任州判官、户部主事、兵部主事、尚宝丞、两京左右通政、右佥都御史等职，因为清正廉洁，克己奉公，力主严惩贪官污吏，禁止徇私受贿，故有"海青天"之誉。长久以来，由于民间对公正廉明的内心渴求，再加上文学、影视等作品的广泛影响，"海青天"形象可谓家喻户晓。

正史对海瑞的评价亦相当正面，《明史·海瑞传》就说："瑞生平为学，以刚为主，因自号刚峰，天下称刚峰先生。尝言：'欲天下治安，必行井田。不得已而限田，又不得已而均税，尚可存古人遗意。'故自为县以至巡抚，所至力行清丈，颁一条鞭法。意主于利民，而行事不能无偏云。"海瑞虽然行事风格刚劲，或有偏差，但主张利于百姓，"盖可希风汉汲黯、宋包拯，苦节自厉，诚为人所难能"，因此受到民众爱戴。

海瑞不仅"清廉"，还"俭朴"，给后人留下了"布袍脱粟"的美名。《明史·海瑞传》提及其日常生活，说他在淳安做知县时，常常"布袍脱粟，令老仆艺蔬自给"。布袍，指平民穿的布制长袍；脱粟，指粗粮，即只脱去谷皮的粟米。可以说，这是传统农业社会一幅相当和美的官员自律与劳动自给图，堪为典范。不仅如此，总督胡宗宪曾对人说："昨闻海令为母寿，市肉二斤矣。"给母亲祝寿，海瑞同样甚为节俭。

在中国古代历史上，"衣布""脱粟"之说由来已久。《晏子春秋·内篇杂下》有曰："晏子相齐，衣十升之布，食脱粟之食、五卵、苔菜而已。"又说："晏子相景公，食脱粟之食。"晏仲出身名门，品德高洁，居敬行俭，是春秋时期齐国著名政治家、思想家和外交家，先后辅佐齐灵公、庄公与景公，穿"缁布之衣"，吃"脱粟之食"，垂范千秋，为一代廉相。自此，"衣布""脱粟"不仅是古人对生活俭朴的道德要求，而且还成为理想政治人物的标杆，启迪后人。又晋代葛洪《西京杂记》卷二曰："何用故人富贵为，脱粟布被，我自有之。"唐代陆龟蒙《杞菊赋》序言："我衣败绨，我饭脱粟。"清代蒲松龄《聊斋志异·长清僧》云："饷以脱粟则食，酒肉则拒。"这些都表达了对这种美好品质的追求与坚守。

关于海瑞的"俭朴"，我们还可从其他记载中了解一些生动的细节。根据《明史·海瑞传》的叙述，万历十五年，海瑞病死于南京任上，他没有儿子，丧事由当时的金都御史王用汲主持。在清点遗物时，王用汲发现"葛帏敝籯，有寒士所不堪者"，禁不住悲泣不已。又明代周晖的笔记杂著《金陵琐事》也说，海瑞的遗产被清点后，只有"竹笼中俸金八两、葛布一端、旧衣数件而已"。作为明王朝堂堂的南直隶大员，不能不

说是身无长物。

为此，王用汲专门写了一份冗长的奏报，称海瑞"居官风厉，清名不虚"，家用每每不能自支。万历皇帝收到这样一份"调查报告"也深感意外，为之"悚然敛容"，半天说不出话来。古代大臣亡故，朝廷派人前去"探视"，往往也是人事部门的最后一次监察，礼义廉耻、忠奸正邪，只有过了这一关，才算是盖棺定论。海瑞的死讯传出，南京百姓闭市数天悼念，当其灵柩用船运回老家时，"丧出江上，白衣冠送者夹岸，酹而哭者百里不绝"，朝廷追赠其为太子太保，谥号"忠介"，葬于现在的海口市西郊滨涯村。

海瑞墓由万历皇帝亲派人专程监督修建，传说当灵柩运至现墓地时，抬灵柩的绳子突然断了，人们以为这是海瑞亲自选取的风水宝地，于是便将其就地下葬。墓地正面有神宗皇帝的御制碑，墓道两边则有石翁仲、石羊、石马、石狮等及纪念亭一座。

不过，海瑞墓在"文革"中被砸毁。1982年，当地政府重新修缮了海瑞墓园，现在已是全国重点文物保护单位，并被辟为海口市旅游景点，以供后人瞻仰。

古往今来，世事沧桑，但说到海瑞，人们定然会想到他生活俭朴，为官清正，敢于伸张正义，赞誉他为"海青天""南包公"。这种形象在后世的流传中不断得以强化，影响致远。尤其是《海忠介公居官公案》《海公大红袍》《海公小红袍》等小说和《五彩舆》《海瑞罢官》《玉麈龙》《白梅亭》等曲艺作品，使海瑞的形象更加深入人心。更有吴晗创作的新编历史京剧《海瑞罢官》，通过典型事件刻画了海瑞不畏强暴、不怕丢官、为民请命、舍身求法的悲壮形象，为当代戏曲塑造了一个成功的艺术典型。

显然，这些现象表达了劳苦大众的心声。一方面，基于对海瑞的爱戴以及对其遭遇的同情，人们以各种艺术形式歌颂他的清廉；另一方面，则是源于人们对清官治世的向往。特别是明清时期，随着封建王朝的日趋专制、衰败，这种意识就愈加明显和强烈。只可惜在封建社会这如水中花镜中月一样，不过是一种奢望罢了。

从"鸡黍之交"看古人信义观

我国古代有一个非常著名的典故——范巨卿鸡黍死生交，见于明代冯梦龙纂辑的《喻世明言》第十六卷，流传颇广。《喻世明言》为白话短篇小说集，内容部分为宋元话本旧作，也有明人拟作，题材多来自民间，有的根据历史小说和前人小说改编而成。它们或反映青年男女对爱情的热烈追求，或揭露批判黑暗的社会现实，或表现市民阶层的生活境遇，深刻反映了当时的社会环境。《范巨卿鸡黍死生交》则是其中歌颂朋友间信义友情的代表之作，内容梗概大致如下：

东汉明帝年间，有一个赴洛阳应举的楚州山阳人范式，字巨卿，家中世代经商，后来放弃经商，以求功名，途中不幸害了时症，住在一家客栈，俨然是将死之人。恰巧，汝州南城也有一个应举的秀才张劭，字元伯，家本农业，苦志读书，与范式同宿一店，见状竭力相救，并请大夫用药调治，而且自己早晚以汤水粥食照顾。在张劭的精心照料下，范式终于恢复了健康。自此二人情如骨肉，结拜为生死兄弟。结义后，两人朝暮相随，不知不觉过了半年，但天下没有不散的筵席，总有分别之日，于是他们约定隔年重阳佳节再相见。张劭曰："但村落无可为款，倘蒙兄长不弃，当设鸡黍以待，幸勿失信。"范式应诺，不忍相舍，洒泪而别。

后来范式回家，虽然时常记着鸡黍之约，但为了养家糊口，奔走于商贾之中，被琐事纠缠，忘记了日期。重阳节当天早晨，看到邻居送来的茱萸，才意识到与张劭的约定。而彼此相隔千里，一日之内又如何能到达呢？然而若不能如期而至，那自己成了什么人！追悔之下，忽然想起古人说的"人不能行千里，魂能日行千里"，于是嘱咐妻子："吾死之后，且勿下葬，待吾弟张元伯至，方可入土。"然后便自刎而死，灵魂去了汝南张家赴约。

话说张劭自客栈一别，回家"再攻书史，以度岁月，光阴迅速，渐近重阳"，是日早起，洒扫草堂，"遍插菊花于瓶中，焚信香于座上"，然后让弟弟杀鸡煮饭，从上午开始，便穿好衣冠，于庄门前眺望等待。然而，他从近午等到日影西沉，再到半轮新月升起，还是不见范式的人影。"候至更深，劭倚门如醉如痴"，听到风吹草木之声，都以为是范式来了。

就这样一直等到将近三更，月亮都已经没了，忽然"隐隐见
黑影中，一人随风而至"，仔细一看，正是苦苦思念的兄长
范式。张劭顿时欢喜起来，连忙将之让到客厅，"取鸡黍并
酒"。不料范式十分怪异，他既不说话，又不肯饮酒，还拒绝
拜见张劭的母亲、弟弟。张劭无奈地说难道你是怪我母亲和弟
弟不曾远迎你，还是"鸡黍不足以奉长者"？

此时，范式终于开口，说自己"非阳世之人，乃阴魂
也"，特来赴鸡黍之约，并告知原委，请求张劭"恕其轻忽之
过，鉴其凶暴之诚，不以千里之程，肯为辞亲，到山阳一见吾
尸，死亦瞑目无憾矣"。说完这些，他泪如泉涌，随即离开坐
塌走下台阶。张劭惊诧之间，连忙去追，不想一脚踏空摔倒在
地上，再起身时，范式已然无影无踪。

"只恨世人多负约，故将一死见乎生"，张劭放声大哭，
昏倒于地。母亲和弟弟被哭声惊醒，赶快来看，用水救醒张
劭，张劭又继续哭。母亲询问缘故，张劭便将刚才范式前来的
情形细说了一遍，然后告诉母亲，自己明早便要去送别兄长。
张母哭道："你这是做梦吧？哪会有这样的事情呢？"张劭
说："这不是做梦，是我亲眼所见，亲耳所闻。"随即叮嘱弟
弟侍养老母，自己则"今当辞去，以全大信"。母亲说："此
行虽路远，但一个多月也就回来了，为何要说这样不吉利的
话？"张劭只说"生死之事，旦夕难保"，便不再多言，痛哭
着拜别母亲和弟弟。第二天，便背上书囊，独自上路了。

张劭每日早起赶路，恨不得身生双翼。等到了山阳，才

知道范式已经死了，正值"二七"，并将下葬。张劭听说后，便直奔城外，一个身穿重孝的妇人和少年正伏棺而哭。张劭失声大叫道："这莫非是范巨卿的灵柩吗？"妇人正是范式的妻子，一番问候，对张劭说道："重阳那日，夫君对我说：'我已经失约了，活着还有什么意思？我宁死也不能误鸡黍之约。死后，且不可葬，等到张元伯来见到我的尸体，方能入土。'今日已及'二七'，不知道您何时才来，在众人的劝慰下准备先行下葬，不料大家竟然怎么也搬不动棺材，原来是在等您远来一见。"张劭听闻，顿时哭倒在地。送殡之人，无不下泪。过了一会儿，张劭镇定下来，取出囊中之钱，让人买来香烛祭品，陈列于前，取出自己亲笔撰写的祭文，"酹酒再拜，号泣而读"，感天动地。

随后，张劭对范式的妻子说："兄长为了弟弟而死，弟弟又岂能独生？我的行囊中已经预留了棺椁费，请嫂不弃鄙贱，替我买棺，安葬在兄长旁边，便是我平生的大幸。"说罢，拿出自己随身携带的佩刀，自刎而死。众人既惊诧又感动，便遵照张劭的心愿，将他与范式合葬一墓。州太守听说了，便将此事上奏朝廷。明帝深受感动，便给予他们褒赠，赠范式为山阳伯，赠张劭为汝南伯。墓前建庙，号"信义之祠"，墓号"信义之墓"。

这便是著名的"鸡黍生死之约"。有无名氏《踏莎行》吟咏此事："千里途遥，隔年期远，片言相许心不变。宁将信义托游魂，堂中鸡黍空劳劝。月暗灯昏，泪痕如线，死生虽隔情何限。灵辄若候故人来，黄泉一笑重相见。"今天，山东金乡县城西南三十五里尚有鸡黍镇，据《大清一统志·济宁州》记载，鸡黍城，"《县志》：汉功曹范式故宅也，基址尚存。式与汝南张劭有鸡黍之约，故名"。

这则《范巨卿鸡黍死生交》的故事，虽然没有缠绵悱恻的爱情，也没有跌宕起伏的情节，但"以死履诺"的方式未免太过"惨烈"，表达了一种高尚的信仰，令人荡气回肠，肃然起敬。这则故事成为中国古代推崇"友谊深长、诚信守约"的典范。

守信重义一直是古人维系世情伦常的目标追求和传统美德。实际上，本篇小说题材的历史非常悠久，其原型最早出自《后汉书·独行传》。讲的是东汉时汝南郡张劭与山阳郡范式同在京师太学读书时结为好友，后来二人均告假回乡，范式约定两年后去探望张劭家人，后来张劭去世，张劭以托梦的方式告知范式，范式又来奔丧的故事。由"一诺千金""坟地送友"两部分内容构成，只不过情节与《喻世明言》有所出入，且最后范式并没有自刎而死，而是在掩埋完挚友之后，继续留在坟院栽松植柏，垒筑坟墙，历时许久才离去。另外，历史上还有元代杂剧《生死交范张鸡黍》和明代《清平山堂话本》中同名话本，所讲故事内容相近。

到此，人们不禁要问，为什么古人会这么重视"鸡黍"并成其美名呢？这还要追溯到《论语·微子》："止子路宿，杀鸡为黍而食之。"说的是子路向荷蓧（古代一种竹编的耘田农具）丈人问路，这位老者留他住宿，并用"鸡黍"款待。《管子·轻重》有曰："黍者，谷之美者也。"黍是上等的粮食。可见，当时"鸡黍"已是农家最好的饭菜了。后世遂以"鸡黍"泛指招待宾客或朋友的丰盛饭食，以喻深情厚谊，多见于诗歌咏诵。

例如，南朝齐范彦龙《赠张徐州谡》："恨不具鸡黍，得与故人挥。"唐代刘长卿《寻龙井杨老》："唯有胡麻当鸡黍，白云来往未嫌贫。"孟浩然《过故人庄》："故人具鸡黍，邀我至田家。"白居易《题崔少尹上林坊新居》："若能为客烹鸡黍，愿伴田苏日日游。"宋代司马光《招鲜于子骏范尧夫》："轩车能枉来，鸡黍足充馁。"明代龚廷贤《口占八绝》："范张三载约如期，千里云山竟不辞。客至主人鸡黍熟，交游到此是相知。"清代钱谦益《送萧孟昉还金陵》："鸡黍交期雪涕频，相看不语且沾巾。"

其中，尤以孟浩然的诗最为著名，《过故人庄》全篇为："故人具鸡黍，邀我至田家。绿树村边合，青山郭外斜。开轩面场圃，把酒话桑麻。待到重阳日，还来就菊花。"一幅淳朴自然的田园风光和恬静闲适的农家生活景象跃然纸上，实属田园诗作中之佳品。同时，诗歌在内容上，以"具鸡黍"开始，以"就菊花"收尾，中间主客举杯饮酒，闲谈家常，抒发了诗人和朋友之间真挚而深厚的友情，语言文字朴实无华，意境清新隽永，有"清水出芙蓉，天然去雕饰"之美学意趣。景、事、情悄然融于一体，极富艺术感染力。

以"鸡黍"名物，成"鸡黍之交"或"鸡黍之约"美名，反映的是中国古人追求和秉承的信义观。"生之互往，死之勿忘"，对于今天的人们来说，又何尝不是一种朋友间的美好愿景呢！

小米与艰苦奋斗的精神

抗日战争时期，在陕甘宁、太行山等北方地区，中国共产党领导八路军、游击队以及广大民众进行了抗击侵华日军的大规模军事活动。但由于没有国民政府的各种补给，根据地物质条件又十分艰苦，抗日军民生存主要依靠当地产的小米和野菜，打仗主要依靠步枪，甚至是鸟铳、猎枪、大刀和红缨枪。

面对困难，毛泽东在1939年提出了"自己动手，丰衣足食"的口号，号召开荒种田、纺纱织布、办兵工厂等，这既解决了吃饭穿衣的问题，也在一定程度上缓解了军队枪械紧缺的问题。正是依靠"小米加步枪"这样的物质基础，中国共产党领导中国人民最终打败了日本侵略者。对此，当代作家梁斌在其1978年出版的长篇小说《翻身记事》中有过这样的描述："常言说，要吃饭是家常饭，要穿衣是粗布衣呀……我们就是这么过来，小米加步枪硬是把日本鬼子打出去了。"四十多年后的今天，这段文字读起来仍让人倍感亲切。

著名翻译家、散文家和教育家曹靖华撰写了诗文《小米的回忆》，载于1977年3月13日的《人民日报》，也颇有影响，后来收入《飞花集》，题目改为《往事漫忆——小米加步枪》。

此作品还曾被选进高中语文教材。

此作品从毛泽东"小米加步枪"的论述引出三段有关小米的回忆：童年时以祖母熬的小米稀饭为高级食品，借此怀念家乡亲人；三十年代探望鲁迅时特别带了一口袋小米，借此怀念与文坛战友间的深情厚谊；抗日战争时期在重庆收到周恩来、董必武从延安带来的小米，借此怀念革命领袖对自己体贴入微的关怀。全文以小米为基本线索，贯穿怀念故旧的感情和艰苦奋斗的精神，叙事简洁，议论自然，语言朴实。

"小米加步枪"，不仅指代较差的后勤供应和落后的武器装备，而且还承载了一种艰苦奋斗的精神、自强不息的品质和决战到底的信念。

对此，毛泽东也有过形象的表述，他分别在《抗日战争胜利后的时局和我们的方针》（1945年8月13日）、《和美国记者安娜·路易斯·斯特朗的谈话》（1946年8月6日）中指出，"美国帝国主义要帮助蒋介石打内战，要把中国变成美国的附庸，它的这个方针也是老早定了的。但是，美国帝国主义是外强中干的"，"拿中国的情形来说，我们所依靠的不过是小米加步枪，但是历史最后将证明，这小米加步枪比蒋介石的飞机加坦克还要强些。这原因就在于反动派代表反动，而我们代表进步"。又在《原子弹吓不倒中国人民》（1955年1月28日）和《论十大关系》（1956年4月25日）中进一步指出，"过去我们也没有飞机和大炮，我们是用小米加步枪打败了日本帝国主义和蒋介石的"，"我们有一句老话，小米加步枪。美国是飞机加原子弹。但是，如果飞机加原子弹的美国对中国发动侵略战争，那么，小米加步枪的中国一定会取得胜利"。在革命战争年代，人民军队正是靠小米加步枪的精神，赢得了最后的胜利。

我们常说"小米加步枪"的解放军打败了"飞机加大炮"的国民党军队，这是一个比较形象化的说法，意思是中国共产党军队用劣势的装备打败了装备精良的国民党军队。不过，这并不是说人民解放军不重视武器装备的建设。在解放战争之初，解放军的武器装备确实不如国民党军队，但到了解放战争中后期，随着战场缴获武器的增多和解放区军事工业的发展，有些解放军的装备并不逊于国民党军队的装备，因此，所谓的"小米加步枪"更应该从"人民加军队"的角度去理解。

对此，1947年5月6日，贺龙在晋绥军区建军会议上做过这样的解释："群众是我们力量的源泉，我们依靠群众来建党、建政、建军，来战胜一切敌人。没有阶级性、群众性的单纯建设军队，是不行的。毛主席说：'我们的力量就是小米加步枪，如果看不见小米，即群众力量，这支步枪，一定不会有任何作用。'"同年8月10日，贺龙又在绥德分区县委书记联席会议上说："我们胜利的原因在哪里呢？就是毛主席讲的：小米加步枪这个'无敌将军'。小米是群众，步枪是军队。"这里，贺龙把"小米加步枪"讲得很清楚，意思是人民和军队的密切配合打败了国民党军队，从而实现了其内涵的升华。

总之，我们可以说，"小米加步枪"是一种革命精神，是

一种不畏艰难困苦、战斗到底的坚强品质，更是一座长存的丰碑。它时刻告诫我们，永远都不能忘记人民群众，这才是中国共产党的根。今天，虽然处于和平年代，但战争的硝烟并未散去，在通向中华民族伟大复兴的道路上，"小米加步枪"仍然不能丢。它是革命成功的方法，也是国家建设的法宝。唯有薪火相传，方可永世不熄；只有勇往直前，才能战无不胜。

五 前世今生：黍粟文化遗产留存

黍粟从蒙昧走来，历经发展、繁荣与蜕变，给我们呈现了一幅多姿多彩的时空画卷，留下了诸多美妙的传奇故事，令人回味。一万年时光，世事沧海，历史的钟声已经悄然远去，但沉积下来的与黍粟密切相关、以"固态"或"活态"形式存在的各种文化资源及其相关载体，却形成了类型多样、内涵丰富的文化遗产，馈飨世人。本篇以全球重要农业文化遗产内蒙古敖汉旱作农业系统作为案例，带领大家一睹传统黍粟文化的风采。

黍粟遗存和丰富的农具

中国是黍粟的起源和驯化中心，如本书第一部分所论，我国境内发现的史前黍粟遗存数量众多。从年代上来看，大致从距今8000多年到距今4000～3000年，涵盖磁山文化、兴隆洼文化、裴李岗文化、北辛文化、老官台文化、仰韶文化、大汶口文化、龙山文化、马家窑文化、齐家文化、红山文化、凤鼻头文化、牛驾头文化等，自新石器至青铜时代早期文化序列和谱系关系完整；从空间分布来看，则涉及陕西、山西、河北、河南、甘肃、青海、新疆、辽宁、吉林、黑龙江、山东、江苏、云南、西藏、台湾等省（自治区），分布范围十分广泛。

在内蒙古敖汉旗，当地已发掘出小河西、兴隆洼、赵宝沟、红山和小河沿等文化遗址。这些遗址中，除了有布局有序的大型聚落，还有数量可观的黍、粟炭化籽粒，还有类型多样的石铲、石耜等掘土工具以及石磨盘、石磨棒等谷物加工工具。它们共同构成黍粟遗产的早期重要空间与物质载体。

在兴隆洼文化遗址中，第一发掘点是距今8000～7500年的村落，其中出土的炭化植物种子中黍粟谷物的数量占15%；第三发掘点是距今4000～3500年的村落，在仅百余份样品中就发现了各种炭化植物种子14 000余粒，其中黍、粟和大豆的数量占到了99%。这些经过人工栽培的黍、粟炭化籽粒是粟作文化遗产初期最直接的实物留存。进入文明时代以后的敖汉还有诸多实物遗存的发现，比如著名的辽代仓窖（粮仓）遗址，呈圆弧状，深2～3米不等；又辽墓壁画内容所反映的经济形态显示契丹人的主要粮食之一就是小米，表明处于辽国腹地的敖汉是当时主要的农业种植区，为人们提供了丰厚的农业经济资源。

黍粟文化遗产中出土的农具是当时生产力发展水平的重要标志之一。小河西文化遗址出土的石器主要以掘土工具亚腰石铲为主，说明当时尚处于黍粟农业萌芽阶段，采集和渔猎仍是主要经济活动。兴隆洼文化遗址出土有大量打制的肩石锄、亚腰窄身石铲及普遍使用的琢制石磨盘和石磨棒等，证明当时农业从最初的刀耕火种发展到了锄耕阶段。赵宝沟文化遗址出土了数量众多、制作精美的扁平体石斧、石耜及较为常见的磨棒和石磨盘、石刀与复合石刀，表明当时粟作生产力水平大大提高，在经济结构中的地位进一步提升。进入红山文化时期，用于深翻土地的大型掘土工具和收获谷物的石刀、蚌刀等普遍出现，粟作农业得到空前发展，成为主要经济形态。到了夏家店下层文化时期，遗址中则出现了配套的谷物种植、收割和加工工具，黍粟农业成为当时经济的主导产业，步入成熟期。

上述遗址发现的各类型和层次的农具，反映了早期人类黍粟农业的发展水平与演化情况，可以用来典藏、展示、研究及艺术创作，是一种活态的文化资源，有助于帮助理解史前的农业历史与文化内涵。历经岁月沉淀，敖汉旗地区最终形成了以黍粟农业生产为中心的特色农业格局。按照黍粟农业生产的节气时令和基本过程，可以将农具划分为适用于耕地整地、播种、中耕除草、收获、脱粒、加工以及运输等不同阶段的种类。

传统的耕地整地工具有耕犁、铁锨、铁耙、锄头等。其中，锄头一般用以挖穴、作垄、耕垦、覆土等，形制多种，亦有点种、除草、碎土、中耕、培土等功用。播种工具常用的有耧车、簸梭、石磙等，由牲畜或人直接牵引。耧车用于播种，簸梭用于种子覆土，石磙用于滚动镇压覆盖种子的松土。中耕除草工具有耘锄、小锄等。耘锄较长，用于松土和除草。小锄较短，用于清除禾苗杂草与间苗。收获、脱粒工具主要有镰刀、桑杈、碌碡、扇车、木锨、刮板、簸箕等。加工工具有石碾、糠筛、米筛、石磨等。其中，石碾主要用于谷物破碎去壳的初加工。运输工具主要有板车等。

上述各类农具以及部分与当今农民生活密切相关的、尚未与农业发生明显剥离的其他副业生产工具，如扫帚、筐箩、粪锸、粪筐、独轮车、牛马车、糠囤等，属于物质文化遗产的范畴，是传统黍粟生产农艺过程与面貌的经典标志。传统农具的制作工艺与使用方法等则属于非物质文化遗产的范畴，反映了黍粟农业生产的特色，具有丰富的历史、艺术、观赏、教育等精神文化价值。

传承至今的黍粟农作制度

黍粟文化遗产包含了具有代表性的中国传统旱作农业制度与技术。敖汉旗的黍粟种植虽历经了长久的变迁，但由于黍粟多生长在旱坡地上，不便于机械化作业，因而仍保留有畜耕人锄的传统耕作方式。经过漫长的历史积淀，敖汉旗黍粟农业系统形成了从土壤耕作、播种到田间管理、收获及加工的一整套独具特色的制度和技术体系。

中国黍粟耕作的历史悠久。《吕氏春秋·士容论·任地》中所说的"今兹美禾，来兹美麦"已是一种早期的粟、麦轮作。敖汉粟适宜的轮作方式有大豆—粟—大豆—高粱、小麻子—粟—大豆—高粱、小麻子—粟—玉米—大豆、高粱—粟—豆类—荞麦、玉米—高粱—粟、玉米—粟—马铃薯、大豆—高粱—粟、玉米—大豆—粟—玉米等。黍适宜的轮作方式，代表性的有黍—马铃薯—粟—豆—黍、黍—大豆—粟等。以上轮作方式，或四年，或三年，可实现土壤营养良性循环与粮食持续增产。间、套、混作也是粟作农业的传统经验之一，具有良好的生态效益，不仅益于用地养地，还可防治病虫草害，提高单位面积产量。如粟和玉米的间套作，由于玉米秸秆的遮阴作用，抑制杂草率可达80%，能有效减少病虫的寄生源。

　　敖汉人建立了适合当地的农业耕作制。其中，免耕覆盖就是传袭下来的优良传统。免耕覆盖的田地经过几年轮种后，秋后深耕一次，然后重新覆盖种植，这样易于解决土壤养分上下不均、耕作层变薄以及病虫害寄生等问题。人们还构建了以耕、耙、耱为中心的抗旱保墒技术体系。在保水环节上，形成了以改土蓄水为中心的垒埂打堰、深耕以减少地表水土径流量、加厚耕层活土层的土壤蓄水纳墒技术措施。在具体的选、整地环节上，粟多种植于扛垄地，秋天需拔大草放垄；若是种植在已耕种过玉米或高粱的前茬地，还要将此地在前一年冬天拖冻茬子，否则就要在春天刨、搂净，秋收后深耕深松和耙耱；如果种植在旱坡地，冬季"三九"时要碾地，早春解冻时要顶凌耙耱。

　　传统黍粟栽培通过"穗选法""种子田"等技术选育诸多良种。粟有"五彩"之说，即粟的稃壳有白、红、黄、黑、橙、紫各种颜色，农家品种主要有齐头白、五尺高、二白谷、独杆紧、叉子红、花花太岁、绳子紧、兔子嘴、长脖雁、金镶玉、老来白、老虎尾等50多种。黍的农家品种则有散穗、侧穗和密穗型等，散穗型的有大粒黄、大支黄，侧穗型的有大白黍、小白黍，密穗型的有疙瘩黍、高粱黍（千斤黍）和庄河黍。这些品种有不同熟期、不同株型，有高产的，有优质的，有抗旱耐瘠的，有喜水耐碱的，有抗病虫的，有分蘖力强的，有抗倒伏的，为农学研究、作物育种和生物多样性保护等提供了资源和基因样本。

至于积制肥料、讲求培养地力和用养结合的技术经验，人们很早就开辟了人粪尿、畜禽粪便、秸秆肥、杂肥、牧草绿肥等多种肥源及积制方法。当地还有一种"五五一"积肥法，就是按照五份土、五份骡马粪和一份人粪尿的比例沤制粪肥。在作物收获之后，农民又将秸秆直接还田，或是将其铡碎后与水土混合，堆土发酵腐熟后施于土壤中；还可将其用作牲畜的饲料，成粪后还田，在提高黍粟利用率的同时保持了土壤肥力。

播种方法有条播、穴播和撒播，但以条播和穴播为好，黍可适当密植。这里保留有一种传统的耕种方式，即播种用马、驴拉犁开沟，然后用被称作点葫芦头的器物点种。这种点种器的一头会绑上茅草，人们形象地称之为"胡子"。它的最大好处在于，经点种人用木棍敲击点种器中部后，种子就会流下来并顺着茅草的缝隙均匀地散开，为后续的间苗工作省去了很多麻烦。另外，播种施肥时要做到均匀"捋粪"，播种结束后还要及时覆土、碾压，以防止跑墒。当然，播种之前还要进行其他必要的准备工作，包括检修农具与晒种、选种和拌种等，以达到杀死病虫菌、保护出苗率和防治黑穗、白发等病的目的。

播种是基础，管理是关键。禾苗出齐后要耪地，耪地宜早，既可除草，又能松土，民间有"地耪三遍赛好雨""旱耪田，涝浇园""锄板子底下有火也有水"之说；耪地要做到"头遍浅、二遍深、三遍四遍不伤根"。过后是间苗（薅地），且用小锄头锄去杂草。禾苗日渐健壮，还要进行趟地，具有抗旱、抗倒伏的功效。收获同样重要，所谓"三春不如一秋忙"，关键是把握成熟度，俗语说"秋分不割，熟俩丢三"，收获过早影响产量，收获过晚则易脱粒。然后就是打场、入仓，全年的农事活动方可结束。

总之，人们在长期的生产实践基础上，因地、因时、因物制宜，最终创造和发展了内涵丰富的栽培与管理体系，同时，又总结出一整套收获技术与经验，体现了对每一个环节的重视，这是黍粟文化遗产传承、保护与利用的重要非物质依托。

以黍粟为中心的传统产出和文化活动

黍粟农业生产除了收获黍、粟两种粮食作物，还可以通过间、套、混作获得其他杂粮作物（如荞麦、高粱、杂豆）、经济作物（如芝麻、胡麻、蓖麻、线麻、向日葵、甜菜、烟草）、绿肥作物（如草木樨、苜蓿草、沙打旺）、蔬菜（如萝

卜、葱、白菜、黄瓜、茄子、蒜、辣椒、韭菜、豆角）和瓜果
（如苹果、梨、杏、桃、李、山楂、大枣）等。

由于本身属性与长期演化，黍和粟已形成了适应干旱、半
干旱地区气候和环境的生理机制。黍粟农业，再加上这些综合
的农业产出，决定了其重要生态价值和经济收益。另外，当地
丘陵山地系统又自然产出各类野生植物、微生物以及飞禽、走
兽和爬行、两栖类动物，表现出明显的生物多样性特征。黍粟
农业与丘陵山地系统相结合，又具有涵养水土、调节环境、保
护珍稀物种等诸多功能。

除了包含必要的生产要素，黍粟文化还伴有各种农祭和
农俗等事务，这些事务形成了具有本地特色的文化活动。黍和
粟是祭祀的重要物品，《礼记·曲礼上》曰"献粟者，执右
契"，郑玄注"契，券要也，右为尊"，王祯《农书·百谷
谱》"黍"字条说"凡祭祀，以黍为上盛"，可见黍和粟在祭
祀礼仪中的尊贵地位。敖汉旗祭祀的历史久远，如城子山遗址
（距今4200～3800年）最早为祈雨的场所，是国内发现规模最
大、祭坛数量最多的祭祀遗址。

当地先民修建城子山祭坛群，并以猪形玉器为祈雨神物，
祈求天降甘露。民间亦留存有以黍和粟祭祀的传统，比如过年
时用小米等祭祖，恭请祖宗灵魂回家过年；又相传正月初八是
粟的生日，这天须吃用小米做的饭，还要盛一碗放到谷囤里，
在上面插上一双筷子，祭祀谷神，如果这天天气晴朗，就预示
当年谷子丰收。

　　至于与黍、粟有关的农俗，内容更加丰富。小米和黄米分别为粟、黍之籽实，是敖汉旗最古老和最重要的粮食。小米乃主食，蒸（焖）和煮是主要炊用方式，可做成干饭、锅巴、水饭和粥。其中，小米粥里可掺入野菜、干菜等，又可做成肉粥；小米粉可制成炒面、饼、窝窝头、发糕等。黄米同样可做成米饭、粥，当地有"吃饭靠糜子，穿衣靠皮子"，"庄稼汉要吃饱肚子，黄米干饭泡瓠子"的说法。由于具有黏性特点，黄米可以制成炒米、炸糕、枣糕、浸糕、年糕、连毛糕、汤团、摊花、煎饼、窝窝、火烧、油馍、酸饭、糜子粉、糜面杏仁茶等各种小吃，风味各异。另外，黄米还是比较好的酿酒原料，当地农家基本都会制作享用。不同品种、配料、制作方式及食用方式的组合搭配，形成了具有当地特色的饮食文化。

　　除了饮食习俗以外，敖汉旗称农历正月二十为小填仓、二十五为大填仓，总称填仓节。农历正月十九日午后，家家都用秫秸扎制犁、叉、钩、镰、锨等农具，在二十日日出之前，放入仓囤粮袋之中，焚香、供祭、叩拜；傍晚，凡是设供或饮食的地方，都要点灯，俗语有"点遍灯、烧遍香，家家粮食填满仓"之说。农历正月二十四日，重新准备供品，在二十五日日出前，再放置于仓房粮囤之中并叩拜；天亮之前，用草木灰在院子撒出三环套或五环套的圆圈，将少许黍、粟等五谷撒于圈内，俗称"打囤儿"，边撒边说"填仓填仓，五谷满仓，做囤做囤，粮谷满囤"或"大囤满，小囤流，今年丰收好年头"等。以此期盼来年粮食满仓，生活富足。

民间还有吃"燎场糕"和喝"腊八粥"的习俗。所谓吃"燎场糕",就是在庄稼第一次打场收获后,用新的黍米蒸一锅年糕供大家享用;喝"腊八粥",则是"腊八日"冬祭的风俗,同样有庆祝丰收、祈神保佑之意。腊八粥主要是由小米、黄米等多种粮食(其他有绿豆、扁豆、红小豆、红枣等)制作而成。中国北方普遍有在灵床前放置"倒头饭"的习俗,敖汉旗也不例外,人们用半熟的粟米或黍米饭盛进碗里、压实,再倒扣在另一个碗里,上插三根秫秸,秫秸上端再缠绕棉花,寓意在阳间的饭已经吃到头,谨以此表示对死者的祭奠。

这些与黍和粟直接相关的祭祀、风俗等文化活动,是当地先民们基于生存、生产活动创造出来的,是期待与周围环境和谐共处并依附于生活、习惯、情感、信仰等的社会行为和意识形态,是黍粟文化重要的非物质遗产的组成部分。它们经过敖汉旗当地人民的反复演示与持续实行,表现出明显的集体性、趋同性和稳定性,具有强大的精神汇聚力与感召力,对社会秩序维系、心灵净化、文脉传承等都具有重要的推动作用。

黍粟复合系统与田园景观

敖汉旗地处燕山山脉东段努鲁尔虎山北麓、科尔沁沙地南缘,是燕山山脉与松辽平原的过渡带,包括丘陵、低山、黄土台地、冲积平原、沙地、沟谷等多种地形地貌。敖汉旗地处中温带,属于大陆性季风气候,是典型的旱作雨养农业区,属于以农为主、农牧林结合的经济类型区域。在历史上，敖汉旗又曾经历过古国文明的发祥、方国文明的发展以及帝国文明的发达，产生了灿烂的新石器文化、辉煌的青铜文化、绚丽的契丹文化。同时，这里还是多民族文化融合、共生的典范区域，取得了农牧文明发展的巨大成就。

经过千万年的历史沉淀和劳动人民的辛勤创造，敖汉旗最终形成了悠久、独特和多彩的黍粟复合农业系统，涵盖农林牧、旱作梯田和多样性农作三个子系统。它们与当地的景观交织共存。

其中，关于旱作梯田系统和景观的关系，历史上很早就有相关的记载。苏颂曾经代表北宋于1068年和1077年两次出使辽国，在其所作《使辽诗》中多处提及当时的农牧业情况，如"居人处处营耕牧""田塍开垦岁高下"。不过，最具代表性的当属《牛山道中》："农人耕凿遍奚疆，部落连山复枕冈。种粟一收饶地力，开门东向杂边方。田畴高下如棋布，牛马纵横似谷量。赋役百端闲日少，可怜生事甚茫茫。"这里谈到的垄作梯田，显然是受到来自中原耕作技术影响的一种发挥性创造。后来，又有使者王曾回忆起当地见闻："所种皆从垄上，盖虞吹沙所雍。"这是对战国以来"上田弃亩，下田弃畎"的承袭利用，以应对干旱和风沙严重的自然环境。诗歌虽为叙事，却亦见农牧画卷，似曾相识，历史仿佛就在眼前。

另外，在敖汉旗的传统旱作农业系统中，黍和粟往往与豆类、高粱、荞麦、玉米等作物间作套种或者换茬种植，在提高

粮食生产和保障粮食安全的同时，也增加了农业景观的色彩，结合高低起伏的地理容貌，可谓山川秀美，风光旖旎。

敖汉旗的由历史演化而来的黍粟复合农业系统与田园景观，是农村与其所处自然环境长期协同进化和动态适应的结果，属于农业文化的重要范畴。这种田园景观的生态价值主要体现为，巧妙地利用当地气候和水土资源，形成景观结构合理、功能完备、价值多样的复合农业系统。这种景观也是古村落以及传统生产技术和知识等的空间载体，具有重要的文化、精神、美学等多元价值。

实际上，这种景观还是一种诗话田园的摇篮，寄托了中华民族独有的精神追求和文化记忆。中国人对田园的喜爱由来已久，早在先秦时代，田园乐趣就已经在人们的口耳相传中流传开来。之后，描写田园的诗篇散见于脉脉不息的历史河流中，东晋的陶渊明自创流派，唐朝王维、孟浩然等人将其发扬光大。这类诗歌以描写自然风光和农村景物以及安逸恬淡的隐居生活见长，风格恬静淡雅，诗句隽永优美，语言清丽洗练，无论是在艺术还是思想上，都对后世产生了深刻的影响。

古人崇尚自然，常喜好农家之乐，对田园情有独钟，其中不乏禾黍之美者。如唐代李峤《奉教追赴九成宫途中口号》："长驱历川阜，迥眺穷原泽。郁郁桑柘繁，油油禾黍积。雨余林气静，日下山光夕。"辽阔原泽之上，桑柘郁郁，禾黍油油，又有雨后山林、静气霞光，好一派田野风光，静谧优美，令人遐思而神往。储光羲《田家杂兴八首》诗之一："春至鸧鹎鸣，薄言向田墅。不能自力作，黾勉娶邻女。既念生子孙，方思广田圃。闲时相顾笑，喜悦好禾黍。夜夜登啸台，南望洞庭渚。百草被霜露，秋山响砧杵。却羡故年时，中情无所取。"此中所描绘的情与景，一如理想之田园风光，其中"闲时相顾笑，喜悦好禾黍"更反映了一种闲适的农家生活。宋代孔平仲《禾熟》诗云："百里西风禾黍香，鸣泉落窦谷登场。老牛粗了耕耘债，啮草坡头卧夕阳。"首句"百里西风禾黍香"，便已勾勒出金秋的唯美景致。据钱锺书《宋诗选注》，清初著名画家恽格（寿平）曾借此诗题画。全诗风格清新自然，似随意而出，不留雕琢痕迹，恰似一幅古代农村质朴的风俗画卷。

众所周知，清代乾隆皇帝甚爱作诗，平均每天写诗1.8首。他出巡或游玩，常常留下墨宝。话说乾隆十九年（1754年），乾隆皇帝第二次东巡恭谒祖陵，"七月十一，出喀喇沁界进入敖汉境"，有感而发，作《入敖汉境》："据岭分疆异，清尘洒道同。先后咸奉职，诚敬自由衷。渐见牛羊牧，仍欣禾黍丰。时巡慎候度，继续念戎功。""渐见牛羊牧，仍欣禾黍丰"，塞北佳境，农牧风光，跃然纸上。

在中国人的内心深处，总有一个地方被记忆收藏，这就是乡村田园。它是精神家园，也是理想之地。几千年来，我们的先辈历经风霜，进退浮沉，命运曲折，却并不寂寞，往往在山水和田园牧歌之间，求得片刻安宁，寻找属于自己的净土世界。所谓"采菊东篱下，悠然见南山""行到水穷处，坐看云

起时"，便是对这一意境的最好注解。

今天，当我们告别故土，奔忙于喧嚣的人海车群，投身于职场商海，不免希望祈求宁静的田园生活。"刀剑作锄犁，耕田古城下。高秋禾黍多，无地放羊马。"（唐刘驾《田西边》）就是这种愿景的真实写照。在如此世界里，远离尘世，回归故园，守望心灵，去一些雕琢之气，留一点淳朴之香，尽享安宁，不亦乐乎？

禾黍油油，农田闲趣，是国人相思的寄托、记忆的归处。持久多彩的黍粟复合农业系统与田园景观，还是一种可以复制的文化遗产，终让我们"望得见山、看得见水、记得住乡愁"，找得到根脉源泉。从历史中走来的中华儿女，自然有应尽之义务，做好黍粟文化的传承与弘扬工作，保护生态家园，永续乡土风韵。

参考文献

敖汉旗志编纂委员会，1991.敖汉旗志［M］.呼和浩特：内蒙古人民出版社.

白艳莹，闵庆文，2015.内蒙古敖汉旱作农业系统［M］.北京：中国农业出版社.

陈洪波，韩恩瑞，2013.试论粟向华南、西南及东南亚地区的传播［J］.农业考古（1）.

陈文华，2002.农业考古［M］.北京：文物出版社.

陈有清，2000.粟名演变考［J］.中国农史（4）.

董莲池，2011.新金文编［M］.北京：作家出版社.

付欣晴，2011.论中晚唐悯农诗的形成及其社会历史意义［J］.农业考古（6）.

韩康信，1993.丝绸之路古代居民种族人类学研究［M］.乌鲁木齐：新疆人民出版社.

韩英，2013.兴隆洼文化的生产工具与经济形态［J］.赤峰学院学报（哲学社会科学版）（8）.

何红中，惠富平，2015.中国古代粟作史［M］.北京：中国农业科学技术出版社.

何红中，蒋静，2020.新疆史前小麦经济地位考察及相关问题讨论［J］.中国农史（5）.

费尔南·布罗代尔，2017.十五至十八世纪的物质文明、经济和资
　　本主义：第一卷［M］.顾良，施康强，译.北京：商务印书馆.

缪启愉，1982.齐民要术校释［M］.北京：农业出版社.

李成，2014.黄河流域史前至两汉小麦种植与推广研究［D］.西
　　安：西北大学.

李春香，2017.从遗传学角度初探史前东西方人群对新疆地区的
　　影响［J］.西域研究（4）.

李发林，1986.古代旋转磨试探［J］.农业考古（2）.

李根蟠，2007.农稷别考：关于神农、后稷传说的新探索［J］.
　　炎黄文化研究（5）.

李根蟠，卢勋，1987.中国南方少数民族原始农业形态［M］.
　　北京：农业出版社.

李锦绣，1995.唐代财政史稿：上卷［M］.北京：北京大学出
　　版社.

李水城，1999.从考古发现看公元前二千年东西方文化的碰撞和
　　交流［J］.新疆文物（1）.

李伟才，2008.唐朝粮食问题若干研究［D］.济南：山东大学.

梁家勉，1989.中国农业科学技术史稿［M］.北京：农业出版社.

鹿野忠雄，1943.印度尼西亚的谷物：稻粟栽培起源的先后问题
　　［J］.东南亚细亚民族学先史学研究（1）.

吕厚远，李玉梅，张健平，等，2015.青海喇家遗址出土4000年
　　前面条的成分分析与复制［J］.科学通报（8）.

罗振玉，2018.增订殷虚书契考释［M］.北京：朝华出版社.

毛泽东，1991.毛泽东选集：第四卷［M］.北京：人民出版社.

彭邦炯，1997.甲骨文农业资料考辨与研究［M］.长春：吉林文史出版社.

齐思和，2001.毛诗谷名考［J］.农业考古（1）.

丘光明，2001.黄钟定度量衡［J］.中国质量技术监督（6）.

丘光明，2006.黄钟、累黍与中国古代度量衡标准［J］.中国计量（2）.

陕西省文物管理委员会，1959.长安县南里王村唐韦洞墓发掘记［J］.文物（8）.

石声汉，1956.氾胜之书今释（初稿）［M］.北京：科学出版社.

苏敬，1955.新修本草［M］.影印本.北京：群联出版社.

索秀芬，2005.小河西文化初论［J］.考古与文物（1）.

唐文彰，程晓，2006.浅论我国古代对遗传变异现象的认识和利用：兼论康熙帝的农业选种实践［J］.社会科学家（2）.

唐云明，1982.河北商代农业考古概述［J］.农业考古（1）.

童恩正，1983.试谈古代四川与东南亚文明的关系［J］.文物（9）.

万国鼎，1962.五谷史话［M］.北京：人民出版社.

万建中，2011.中国饮食文化［M］.北京：中央编译出版社.

王庆生，1996.中国当代文学辞典［M］.武汉：武汉出版社.

王庆卫，2015.唐代搜粟都尉考［J］.农业考古（6）.

王永强，袁晓，阮秋荣，2019.新疆尼勒克县吉仁台沟口遗址

2015～2018年考古收获及初步认识［J］.西域研究（1）.

王勇，2004. 治粟都尉和搜粟都尉与大司农关系考：对《汉书·百官公卿表》大司农两处空白记录的思考［J］.唐都学刊（4）.

吴承洛，1957. 中国度量衡史［M］.北京：商务印书馆.

西安市文物保护考古所，2009. 西安东汉墓［M］.北京：文物出版社.

星川清亲，1981. 栽培植物的起源与传播［M］.段传德，丁法元，译.郑州：河南科学技术出版社.

许先，2006. 中国的蒸煮食品与蒸煮食文化：上［J］.食品与健康（6）.

杨文治，余存祖，1992. 黄土高原区域治理与评价［M］.北京：科学出版社.

游修龄，1993a. 稻和黍献疑［J］.农业考古（1）.

游修龄，1993b. 黍粟的起源及传播问题［J］.中国农史（3）.

游修龄，1994. 粟的驯化细节与农业起源：兼论《诗·大雅·生民》［J］.中国农史（1）.

游修龄，1995. 黍粟余论：中国与西欧的对比［J］.中国农史（2）.

游修龄，2001.《说文解字》"禾、黍、来、麦"部的农业剖析［J］.浙江大学学报（人文社会科学版）（5）.

游修龄，2008. 中国农业通史：原始社会卷［M］.北京：中国农业出版社.

余扶危，唐俊玲，1994. 从洛阳含嘉仓的发现看我国隋唐时期的粮食储备［J］.文史知识（3）.

俞为洁，2011.中国食料史［M］.上海：上海古籍出版社.

曾雄生，2001. 从"麦饭"到"馒头"：小麦在中国［J］.生命世界（9）.

张川，1997.论新疆史前考古文化的发展阶段［J］.西域研究（3）.

张红民，2016.敖汉老民俗［M］.北京：中国社会出版社.

张立环，2008.晁错《论贵粟疏》所折射出的经济思想及其启示［J］.现代财经（5）.

赵志军，2004.植物考古学的田野工作方法：浮选法［J］.考古（3）.

赵志军，2005.有关农业起源和文明起源的植物考古学研究［J］.社会科学评论（2）.

浙江省文物考古研究所，浦江博物馆，2007.浙江浦江县上山遗址发掘简报［J］.考古（9）.

周伟洲，2003.新疆的史前考古与最早的经济开发［J］.西域研究（4）.

朱歌敏，2021.洛阳地区汉墓出土陶明器上谷物文字的初步研究［J］.文博（1）.

Ferenc Gyulai, 2014. The history of broomcorn millet (Panicum miliaceum L.) In the Carpathian-basin in the mirror of archaeobotanical remains I. From the beginning until the roman age ［J］. Journal of Agricultural and Environmental Sciences, 1(1).

HongzhongHe, Joseph Lawson, Martin Bell, et al, 2021. Millet, Wheat, and Society in North China over the Very Long Term [J] . Environment and History, 27(1).

Jones, M. and Hunt, H. , et al, 2011. Food globalization in prehistory [J] . World Archaeology, 43(4).